CHUANZHA TONGHANG TIAOJIAN YANJIU

船闸通航条件研究

涂启明　主编

人民交通出版社
China Communications Press

内容提要

本书对船闸通航条件进行了综合分析，着重论述船闸通航允许的纵、横向水流流速标准，引航道尺度，结合实际，系统地介绍了实船试验、水工模型和船模试验成果，包括京杭运河淮安水利枢纽实船试验、过闸试验，长江葛洲坝2号船闸首次通航万吨级船队试验（迄今还未通航过这样大的船队，其成果是非常可贵的），南京水利科学研究院的水工模型试验，上海船舶运输科学研究所船模试验研究的成果。

本书内容丰富，实例详实，可供水道港口专业的师生和有关的工程人员参考使用。

图书在版编目（CIP）数据

船闸通航条件研究/涂启明主编. —北京：人民交通出版社，2010.3

ISBN 978-7-114-08246-7

Ⅰ.船… Ⅱ.涂… Ⅲ.船闸－通航 Ⅳ.U641

中国版本图书馆 CIP 数据核字（2010）第 031868 号

书　　名：船闸通航条件研究
著 作 者：涂启明
责任编辑：钱悦良
出版发行：人民交通出版社
地　　址：(100011) 北京市朝阳区安定门外外馆斜街 3 号
网　　址：http://www.chinasybook.com
销售电话：(010) 64981400，59757915
总 经 销：北京中交盛世书刊有限公司
经　　销：人民交通出版社交实书店
印　　刷：北京鑫正大印刷有限公司
开　　本：787×1092　1/16
印　　张：9.75
字　　数：245 千
版　　次：2010 年 3 月　第 1 版
印　　次：2010 年 3 月　第 1 次印刷
书　　号：ISBN 978-7-114-08246-7
印　　数：001－600 册
定　　价：30.00 元

序

我国江河湖泊众多，大江大河横贯东西，支流联通南北，构成了庞大的内河水网，其中流域面积1000平方公里以上的河流有1580多条，100平方公里以上的河流有5万多条，河流总长43万公里，具有发展水运的天然优越条件。我国内河航道总里程约12.3万公里，但高等级航道里程较短。截至2008年，千吨级以上航道里程仅8821公里。河流梯级渠化，建设通航建筑物，是提高航道等级的有效手段。

我国现已建船闸1000余座，包括举世瞩目的京杭运河船闸、长江葛洲坝水利枢纽船闸和三峡水利枢纽船闸。京杭运河船闸可通过2000吨级船舶，江苏段已建设三线船闸，山东段即将延伸至黄河；长江葛洲坝船闸和三峡船闸可通航万吨级船队，船闸有效长度为280m，有效宽度为34m，门槛最小水深为5m，葛洲坝船闸设计水头27.5m，三峡船闸双线连续五级，总水头113m，是当今世界水头最高的船闸，具有国际先进水平。

为规范船闸设计规模、标准、通航条件等，原交通部水运规划设计院（现中交水运规划设计院）根据交通部(77)交基563文件精神，组织编制《船闸设计规范》，组织了部属科研院所，各省（市、区）交通厅（航运局）等20多个单位，实地考察了100余座船闸，历时9年，于1987年颁布（试行），后经2000年开始修订，2002年正式发布实施，现在又计划再次修订。

在《船闸设计规范》编制过程中和京杭运河船闸、长江葛洲坝水利枢纽船闸、长江三峡水利枢纽船闸的规划设计、论证中，进行了实船实验、船舶模拟试验，遥控自航船模与整体水工模型相结合的试验，船闸引航道尺度和口门区通航水流条件试验等，取得了丰富成果，对船闸建设发展起到了推动作用。本书所列的成果就是其中的一部分。

尽管有些试验的实施距今已较为久远，作为《船闸设计规范》编制的历史资料保存是有价值的。目前，实船观测技术和船舶模拟技术均有了较大发展，但在我国针对船舶安全和高效过闸的系列试验，仍然比较缺乏。希望本书的出版，能够启发专业技术人员深入思考一些问题，系统研究一些问题，促进通航建筑物学科的发展。

吴　澎

（中交水运规划设计院副院长兼总工程师）

2009年12月

作 者 简 介

涂启明：

交通部三峡工程航运办公室、交通部水运规划设计院离休教授级高级工程师。

1928 年 12 月生于江西东乡县一个偏僻小山村农民家庭，幼年丧母，由父抚养，随父种田，放牛砍柴。9 岁入村小。1949 年 5 月参加革命。1952 年 6 月调干上大学，8 月考入武汉大学。1955 年院系调整转入华东水利学院（今河海大学），毕业设计经国家考试成绩优秀，1956 年 8 月毕业。供职交通部水运规划设计院、交通部运河建设局、基本建设总局、航务工程管理局、基本建设司。从事港口、航道、船闸、船厂的规划、设计、科研、可行性研究、技术管理工作 50 余年。曾任京杭运河苏北段刘山船闸、邵伯船闸设计负责人，同时编写了交通部《京杭运河船闸设计暂行规定》，长江葛州坝水利枢纽一号船闸设计负责人，长江三峡水利枢纽船闸研究负责人，编制了三峡水利枢纽通航标准，主持"七五"攻关航运项目，任水电部长江三峡工程枢纽建筑物论证专家，国家科委长江三峡重大科研攻关航运和水工专家，三峡工程初步设计审查专家。从 1992 年 10 月起享受国务院政府特殊津贴。

主编《船闸设计规范》总体篇，《全国内河通航标准》船闸部分，《水运技术词典》渠化工程部分。

著有《船闸总体设计与图例》，主编《国外通航建筑物》，与人合著《船闸设计》，合著《长江三峡、葛洲坝水利枢纽通航建筑物总体布置研究，写有各类论文 50 余篇。

获国家科技进步特等奖（主要参加者），交通部科技进步一、二等奖，交通部授予"七五"科技攻关有突出贡献的科技人员称号，国家科委、水利部、能源部"七五"《长江三峡工程重大科学技术研究专家荣誉奖，国务院三峡工程审查委员会、三峡论证领导小组赠的《三峡水利枢纽论证审查纪念牌》，获奖论文数篇。

到朝鲜、美国、加拿大考察渠化工程、船闸、运河、海道、科研单位等。包括著名的韦兰运河、圣劳伦斯海道。

出席联合国亚太地区航道分等会议，国际高坝水利学会议等。

目录 MULU

船闸通航条件研究综合分析报告

涂启明

（教授级高级工程师）

提　要　本文根据实船试验，现场观测，水工、船模试验成果和调查资料，对船闸通航条件进行了综合分析。从船队舵力矩与横向流压对船队的偏转力矩和船队在横流作用下的横漂距离与引航道口门宽度的关系，船队由引航道进闸速度和闸室（闸首口门）富余宽度等提出了船闸引航道口门区和引航道内横向流速的限值；从船舶航态平衡条件提出了船队在口门区漂角的限值和航线与水流流向的关系；从船舶在横流作用下发生偏转和横漂需要的航宽，提出了引航道口门宽度的算式；分析了不同引航道布置调顺段的长度；探讨了引航道制动段长度。

一、概述

船闸通航条件是研究船队（舶）安全通畅过闸的航行条件，包括通航条件和引航道尺度，涉及船舶操纵、水力学、水工建筑等几个学科的问题，是船闸运行安全、通畅的关键。它既影响船闸建设的总投资，又影响船闸的通过能力，是船闸建设中的一个重要课题。在已建的船闸中，有的船闸因未解决好通航条件，影响了船闸安全运行和通过能力。

20 世纪 50 年代在京杭运河船闸建设和 60 年代郁江西津船闸等建设中曾进行过模型试验，但仅是数学模型和水工模型。70 年代的葛洲坝船闸建设，对船闸通航条件进行了实船试验和整体水工模型试验，并把小比例尺自航遥控船模应用于船闸通航水流条件的研究，取得了一定的成果。但因未采用自动测量技术，也未进行系列试验，只是应用统计方法，从定性方面对枢纽布置方案进行比较，仅限于方案的选择。而且船模试验没有原型试验作比较。

长江葛洲坝水利枢纽船闸建成后进行了多次实船试验，特别是首次进行万吨级船队（船队长 264m、宽 32.4m、吃水 3.3m）通过葛洲坝 2 号船闸（船闸有效尺度 280m × 34m × 5m）（迄今还没有通过这样大的船队）的试验，取得了丰富的成果。

在长江三峡水利枢纽船闸建设中进行了整体变态泥沙模型试验，整体水工模型结合遥控船模试验，还进行了应用电子模拟器研究引航道和中间渠道的试验。

国外，如美国、德国、荷兰等国对船闸通航条件研究较多，美国多系在水利枢纽设计时，用水工船模试验优选方案。德国、荷兰则进行了系统的试验研究。但尚未看到有关船模动水平定方面的试验研究。

为了编制《船闸设计规范》，为今后的船闸规划设计、运行管理提供科学依据。我们组织航海、水利、水工建筑等科研规划设计、管理单位的航海、水力学、水工建筑等方面的专家、工程师、船长，把航海、水力学、水工建筑等学科结合起来，称为边缘科学，进行了实船试验和水工、

船模系列试验(图1)。自航船模除静水率定外,还进行了动水校核。这些试验采用了先进的测量技术,取得了丰富的试验成果,把我国的船闸通航条件研究工作向前推进了一步。

a)9×1000万吨级船队通过长江葛洲坝水利枢纽2号船闸

b)30000m^3/s流量级参与试航的长江02019轮+2驳3000t船队

图 1

二、通航水流条件

船闸引航道与河流、水库、湖泊中航道相接的口门区，是过闸船队(舶)进、出引航道的咽喉，又是河流动水与引航道静水交界的水域，通常存在斜向水流和回流，有的情况还会出现泡漩等乱流，当船队(舶)航经该水域时，就会受到斜流、回流等不良水流的影响，为保证航行安全、通畅，其影响程度不能超出船队(舶)正常操作的有效控制范围。这就需要研究通航水流条件，探求满足船队(舶)安全航行，在引航道口门区和引航道内的流速限值。为了研究方便和衡量水流对船队(舶)航行影响的程度，通常将斜向流速分解为平行于航线的纵向流速和垂直于航线的横向流速。

(一)横向流速

横向流速是衡量船队(舶)能否安全进出引航道口门的主要标准之一。其限值除了水流条件(一定的枢纽布置)本身外，还与引航道口门布置和宽度、气象条件、船舶性能、航速、驾驶技术水平等有关。这些因素经常变化，而且随机性较大。要用数学公式准确地计算这些变化着的因素与横向流速的关系尚有困难，只能作近似的分析计算。

横向流速限值高了，船队(舶)安全，通畅进引航道没有保证；限值低了，影响工程造价。

1.引航道口门区的横向流速

由于引航道口门区是动水与静水交界的水域，存在横向流速，而且分布不均，常常有较大的流速梯度。行进中的船队(舶)驶入有横向水流的口门区时，将受到横流的推压，其压力可用下式表示

$$P_{a\cdot s} = \frac{1}{2}\rho C_q V_F^2 L_c T \tag{1}$$

式中：$P_{a\cdot s}$—— 流压力(kg)；

ρ——水的密度(淡水为101.8kg·s²/m⁴，海水为104.6kg·s²/m⁴)；

V_F——横向流速(m/s)；

L_c——船队(舶)垂线间长(m)；

T——船队(舶)平均吃水(m)；

C_q——流压力系数，与流舷角$\theta°$、水深吃水比有关，要通过实船试验或船模试验测定。

设
$$Q = \frac{1}{2}C_q\rho L_c T$$

则
$$P_{a\cdot s} = Q\ V_F^2 \tag{2}$$

这表明行驶在横流中的船队(船)所受到的横流压力与横向流速的平方成正比。船队(舶)在该横向力的作用下，将发生横向漂移；当横向流速为非均匀分布时，行驶在该水域的船队(舶)受到不均匀的侧向流压，会发生回转运动，使船队(舶)偏离航向及航迹带，如果这种运动超出了船队(舶)正常操作，即舵力所允许的范围，就会出现失控，以致发生海事。因此，需要将横向流速限制在一定的范围内，使船队(舶)能进行有效的控制；横漂距离在允许之内，使船队(舶)能安全通畅地航行。对横向流速的限值则可从这两方面来分析。

(1)行驶在横流区的船队(舶)应能进行有效的控制。即横向水流使船队(舶)发生的转船力矩应小于船队(舶)的容许扭矩。

横向流压转船力矩

$$M_{a\cdot s} = P_{a\cdot s}\sin\alpha \cdot a \tag{3}$$

或

$$M_{a\cdot s} = \frac{1}{2}\rho C_q L_c T\sin\alpha \cdot aV_F^2 \tag{4}$$

式中：a——合力作用点至船队重心的距离；

α——流向与航向的夹角，当流向与航向垂直时，$\alpha=90°$，$\sin\alpha=1$。

则

$$M_{a\cdot s} = \frac{1}{2}\rho C_q L_c TaV_F^2 \tag{5}$$

设

$$K = \frac{1}{2}\rho C_q L_c Ta$$

则

$$M_{a\cdot s} = K\ V_F^2$$

这表明，横向水流对船队的偏转力矩是横向流速平方的函数。

根据分析，当船队半长位于横流区，半长在静水区时，横向流速对船队的偏转力矩趋近于最大值的特定形式，则 $a=\frac{1}{4}L_c$，代入式(5)，则

$$M_{a\cdot s} = \frac{1}{16}\ \rho C_q V_F^2\ L_c^2\ T \tag{6}$$

舵力转船力矩为

$$M_R = l_G P_R \cos\alpha \tag{7}$$

式中：l_G——船尾(舵)至船队(舶)重心的距离，根据对几种顶推船队的分析，取 $l_G=0.53L_c$；

α——舵角，当船队受到横流作用时，常伴随有其他外力(如风、他船的兴波等)作用的叠加影响，为克服其他外力叠加影响，必然要消耗部分舵力，所以一般在分析单项外力作用的控制时，最大舵角只用 $\alpha=20°\sim25°$，大于该值则认为失控(或称失速)，故取 $\alpha=20°$；

P_R——舵压力，采用高恩公式：

$$P_R = \frac{1}{2}\alpha m\rho sV_s^2 \tag{8}$$

式中：m——系数，取 $m=0.0433$；

ρ——同式(1)；

s——舵面积，据统计，满足船队操纵最低要求，取 $s=0.016L_cT$；

V_s——对水航速(相对流速)，因船队尾场的伴流速度与单船有差值，它与车叶诱导增速相消后，尚存减缓舵面过水速度的余势，迎面流速需减小，考虑车叶诱导系数和伴流系数，采用 $0.85V_s$ 代替。

将各数值代入式(7)，则

$$M_R = \frac{1}{2}\alpha m\cdot\rho(0.85V_s)^2(0.016L_cT)(0.53L_c)\cos\alpha$$

代入 $\alpha\cdot m\cdot\rho$ 值，整理后得

$$M_R = 0.254V_s^2L_c^2T \tag{9}$$

这表明,舵力转船力矩与船队对水航速的平方成正比。

船队操舵获得的转船力矩 M_R 与横向流速对船队的偏转力矩 $M_{a\cdot s}$ 必须平衡,即 $M_R \geqslant M_{a\cdot s}$,船队才能进行有效的控制,保持航向。式(6)、(9)表明,船队能克服(允许)的横向流速是船队航速的函数。由于小船和小船队的航速较低,故其能克服的横向流速相对较小。

按上述关系式,分析计算顶推船队舵力转船力矩和横向流速对船队的偏转力矩,绘成关系曲线(图2),由图即可求出顶推船队不同航速相应允许的横向流速值(表1)。

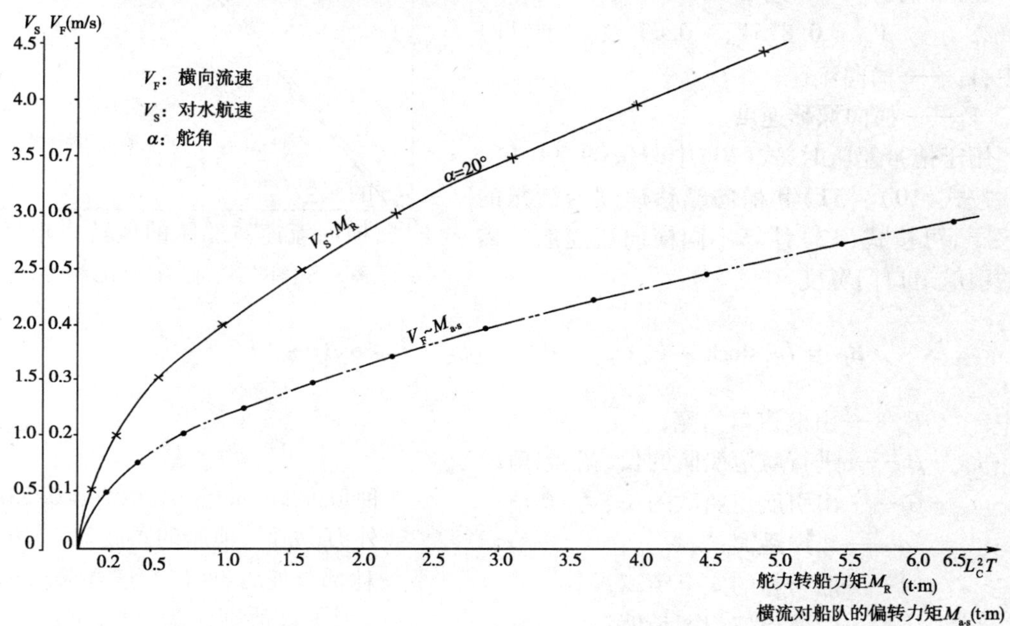

图 2

船队不同航速允许的横向流速 表1

序　　号	航速(m/s)	允许横向流速(m/s)	备　　注
1	1.0	0.12	
2	1.5	0.175	
3	2.0	0.235	
4	2.5	0.29	
5	3.0	0.35	
6	3.5	0.41	
7	4.0	0.47	
8	4.5	0.52	

表1说明,加快船队进口门的航速能克服的横向流速可以提高,但加快航速会增加船队冲程,使引航道增长。

(2)横向水流使船队(舶)产生的横向漂移距离应在引航道口门宽度的容许范围内。

实船试验和船模试验均表明,船队在横流的推压下,会发生横向漂移,其漂移距离超出引

航道口门宽度，船队（舶）就可能撞到堤头，发生海事。实船试验和船模试验获得船队横向漂移速度与横向流速的关系，即：

淮安实船试验（图3）[1]

$$V_F = 0.76V_c + 0.09 \tag{10}$$

船模试验[6]

$$V_F = 0.875V_c + 0.07 \tag{11}$$

式中：V_F——横向流速；

V_c——横向漂移速度。

用于拖带船队时，式（10）中改0.09为0.07。

按式（10）、（11）和横向漂移速度与漂角的关系[6]，可按式（12）计算不同横向流速船队需要的引航道口门宽度。

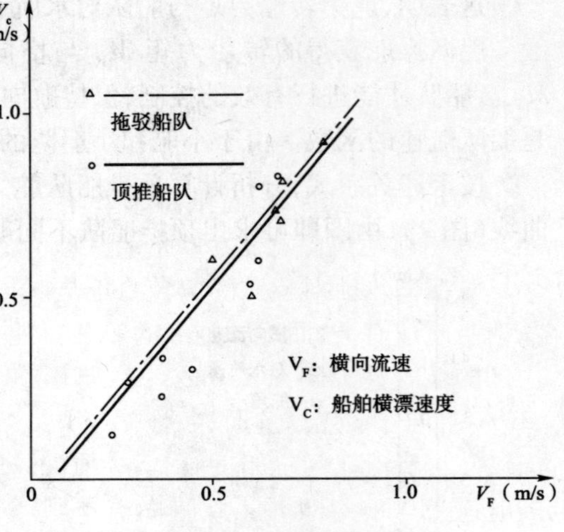

图3 船舶横漂速度与横向流速关系

$$B_0 = L_{C_1}\sin\beta_1 + b_{C_1}\cos\beta_2 + L_{C_2}\sin\beta_2 + b_{C_2}\cos\beta_2 + 2d + c + \frac{l_s}{V_0}V_c \tag{12}$$

式中： B_0——引航道口门宽；

$L_{C_1} \cdot b_{C_1} \cdot \beta_1$——进行航道船队的长、宽、漂角；

$L_{C_2} \cdot b_{C_2} \cdot \beta_2$——出引航道船队的长、宽、漂角；

d——船岸距离；

c——船与船的安全距离；

l_s——引航道口门区长度；

V_0——船队在引航道口门区的平均航速。

按上述关系求得1~4艘300t船队不同横向流速时，需要的引航道口门宽度（表2）。

横向流速与引航道口门宽的关系 表2

序号	口门宽 / l_s(m) / 航速(m/s) / 横向流速(m/s)	引航道口门宽 B_0(m)						B_0/b_c					
		$2.0L_C$			$2.5L_C$			$2.0L_C$			$2.5L_C$		
		2.0	2.5	3.2	2.0	2.5	3.0	2.0	2.5	3.0	2.0	2.5	3.0
1	0.1	71.6	71.36	71.2	71.9	71.6	71.4	3.89	3.88	3.87	3.9	3.89	3.88
2	0.2	86.7	84.1	82.4	89.9	86.7	84.5	4.71	4.57	4.47	4.88	4.71	4.59
3	0.25	95.1	91.3	88.7	99.9	95.1	91.9	5.17	4.95	4.82	5.43	5.17	4.99
4	0.30	102.7	97.7	94.36	108.9	102.7	98.5	5.58	5.31	5.13	5.92	5.58	5.35
5	0.35	111.9	105.6	101.4	119.8	111.9	106.7	6.08	5.74	5.51	6.51	6.08	5.79
6	0.4	119.2	111.6	106.7	128.5	119.2	112.9	6.48	6.06	5.79	6.98	6.48	6.14
7	0.5	134.7	124.7	118.1	147.1	134.7	126.4	7.32	6.78	6.42	7.99	7.32	6.84

上述分析说明，在横向流速与引航道口门宽度的关系中，影响的因素很多，如口门区的长度，船队的航速，流速分布，船队的性能，驾驶员的技术水平等等，而且这些因素还有很大的随机性。所以这些分析是近似的。

船闸总体设计规范规定引航道口门宽为引航道宽的1.5倍。当引航道为3.5倍船队(舶)宽时，引航道口门宽则需5.25倍船队(船)宽；当引航道为4.0倍船队(舶)宽时(两侧停船)，则引航道口门宽需6.0倍船队(舶)宽。按照这一标准，从表2可找出允许的横向流速。

从横向水流对船队的偏转力矩与小船队(舶)的容许扭矩的分析说明，船队能克服的横向流速与航速有关，而不同吨级的船队，其航速不同。淮安实船试验时，1~4艘300t船队驶过口门区的航速为2.4~3.0m/s；葛洲坝试航时，梭顶3×1000t船队在口门区航速为3.5~4.0m/s；淮安实船试验时，一拖11~13只50~100t船队驶过口门区的航速为1.5~2.0m/s；四川沱江石盘滩船闸实船试验时，一拖(80马力)2~3艘(50吨级)船队驶过上游引航道口门区的航速为0.8~1.4m/s，在横向流速0.15m/s时安全航行，驶过下游引航道口门区的航速为1.0~1.4m/s，在最大横向流速达0.41m/s时可安全进引航道；四川沱江猫猫寺船闸实船试验时，一拖(80马力)一驳(50t)拖带及绑拖船队，驶过上游引航道口门区的航速0.21~0.53m/s时安全航行，但航迹带宽达5~6倍船宽，超过了正常宽度范围。

综合对船队(舶)在横向水流作用下发生偏转和横向漂移两种运动航态的分析以及实船试验、船模试验成果，初步认为：船闸引航道口门区横向流速的限值，对不同吨级的船队和上下游引航道口门区应取不同的限值。上游引航道口门区，1000吨级(含1000t)以上的船队(舶)为0.30~0.35m/s，300~500吨级船队(舶)为0.25~0.30m/s，拖带船船队为0.20m/s。如果每马力负载很小的船队，如80马力的拖轮，拖带或绑拖一艘50t驳的船队，每马力仅负载0.625t，其横向流速的限值可以提高。下游引航道口门区横向流速的限值较上游引航道口门区可相应提高一级。

2.引航道内的横向流速

船队(舶)由引航道进闸时，航速远较在引航道口门区小，因此，舵效低，从舵力矩应大于横向流速使船队发生的转船力矩考虑，在引航道内的横向流速限值应较口门区小。船闸运转经验表明，船队由引航道进闸的航速(引航道段，不含闸室内)一般约为1.0~1.2m/s，有的情况还要小，四川沱江石盘滩实船试验表明，一拖(80马力)拖带2~3艘50t驳的船队，由上引航道进闸，航速0.8~1.1m/s，在横向流速0.17m/s时，进闸已感困难，而在下游引航道进闸速度0.85~1.2m/s，横向流速0.39m/s时，船队进闸不感困难，因为是送流进闸，船队的静水航速较大，舵效较好。综合实船试验成果和表1的分析，船队在上游引航道内允许横向流速应不大于0.15m/s。下游引航道内的横向流速限值可以提高。

(二)纵向流速

前面已分析，在斜向流速一定时，横向流速与纵向流速存在共轭关系，如果横向流速0.3m/s，纵向流速2.0m/s时，水流与航线的夹角不能大于9°，如限定水流与航线夹角不大于20°，横向流速0.3m/s，则纵向流速只允许0.8m/s。由于引航道口门区是静水与动水交界的水域，流向与航向总是存在一定夹角的，在横向流速限值一定的条件下，纵向流速不可能很大。对纵向流速的限值，与船队(舶)的技术性能、驾驶员技术水平等有关。

由于上下游引航道口门区水流流向不同，其纵向流速的允许值可以不同，即下游可以比上游大些，但要视过闸船队的性能而异，如葛洲坝水利枢纽大江一号船闸引航道口门区允许的纵向流速，上游2.0m/s，下游2.5～3.0m/s。在四川石盘滩船闸实船试验时，下游引航道口门区的最大纵向流速1.4m/s，一拖（80马力）2驳（2×50t）船队顶流进引航道已感困难。上游引航航道口门区的纵向流速的限值，一是决定于引航道长度，即冲程，为了不过大地增加引航道的长度，船队（舶）在引航道口门区的航速不应太快。二是航行安全，因船队（舶）在下水航行进行航道口门时，航速是船队对水航速和流速之和，对岸航速较大，再加上船队的质量庞大，使得船队航行中的动量很大，以致对航向的任何改变都需要花较大的力量和较长的时间，而这时作用在船身的是斜向水流，其横向分速推船向引航道口门外偏转和漂移，如果流速太快，驾驶员适时操舵，仍不能控制航向按计划航线进行航道口门，船队就可能撞到堤头或泄水建筑物，造成事故。综上二点，引航道口门区纵向流速不宜大于1.5～2.0m/s。

（三）航线与水流流向的夹角

引航道与河流、水库、湖泊中航道相连接的区段（口门区）是引航道静水与河流动水相交界的水域，航向与流向总是存在一定夹角的，该角的大小影响船队进出引航道的安全。因为船队（舶）由急流区驶入缓流区（或静水区）或由缓流区（静水区）驶入急流区，船队受到水流的作用力急速改变，使船队发生偏转和横移。船模试验表明，船队（舶）航态平衡是航行安全的最重要指标，而船队（舶）航态主要是通过漂角β反映的，试验结果指出，漂角对横向漂移速度有很好的相关性，$\gamma=\dfrac{\beta}{V_c}=0.333$，它的意义代表着一种船队（舶）控制能力，一定的横向漂移速度，存在一平衡漂角β，当$V_c=0.4$m/s时，$\beta_0=7.6°$，而横向漂移速度又与横向流速相关，依据这一关系，对比实际的航向角，可以初步判断船队（舶）的航线状态。当船队（舶）航向角大于β_0时，船队（舶）航线将向岸偏离，当航向角小于β_0时，航线向主流偏离；仅当航向角接近β_0时，船舶才可能保持在计划航线上。从航行安全角度考虑，船舶、航道、水流、驾驶、气象各种因素需要取得平衡状态，在其他因素一定的条件下，横向流速与船队（舶）航线投影宽度有严格的平衡关系，是航态平衡的主要指标，按照这一航态平衡关系，船队（舶）行驶在引航道口门区的漂角不应大于8°，从这一关系考虑，航线与水流流向的夹角不宜大于20°。但当流速很小时此角可以增大。

三、引航道尺度

合理的引航道尺度是船队（舶）安全通畅过闸，充分发挥船闸通过能力的关键之一，对工程造价亦有重要的影响，它涉及船舶操纵、水力学、水工建筑等学科。近几年来把这些学科结合起来，进行实船试验、模型试验。

（一）引航道长度

引航道长度包括导航段l_1，调顺段l_2、停泊段l_3、过渡段l_4和制动段l'_4。导航段l_1、停泊段l_2视过闸船队（舶）长度而定，一般取设计船队长，过渡段是当引航道宽与航道宽度不一致时用渐变方式连接的区段，对这三段本文未作研究讨论。着重研究分析了调顺段和制动段。

1.调顺段l_2

调顺段是船队（舶）出闸（图4）时由船闸中心线转到航行中心线需要的长度，或进闸时（图5）由停泊船队中心线转到船闸中心线需要的长度，这一段长度与引航道的边界条件、船舶

性能、驾驶技术水平、引航道宽度即出闸或进闸船队在这段的位移距离 C 等有关。实船试验和船模试验均表明，当采用图5的布置型式时，由于直立式导航墙位于闸首边墙内侧的延线上，在船队与闸墙间的空隙很窄时，出闸船队在艉出闸后尚不能立即转弯，因这时船队驳艉在转弯时紧靠闸墙，推轮推力使船队产生的旋转力矩很小，船队艏离开导航墙很困难，在这种情况下，须待船队艉过导航墙末端后，船队才可转弯。因而 l_2 要增长。淮安实船试验时，直立导航墙位于闸首的延线上，船队曲线出闸时，船队艉多次碰导航墙，直到船队艉离直立墙末端后，船队才转弯，实测 $l_2=2.3L_c$，此时船队位移 $C=25$m，航迹带宽 33m，是船队宽的 1.79 倍；同样边界条件，船模试验测得 $l_2=2.32L_c$。为了便于曲线出闸船队在船队艉出闸后，能立即开始转弯，缩短调顺段 l_2 的长度，研究了将导航墙从闸首墙正面向后平移一个距离 a 的布置型式，对不同的 a 值进行了模型试验，试验表明，导航墙后移对缩短 l_2 段的长度有明显的效果，导航墙后移不同的距离相应 l_2 的长度见表3。

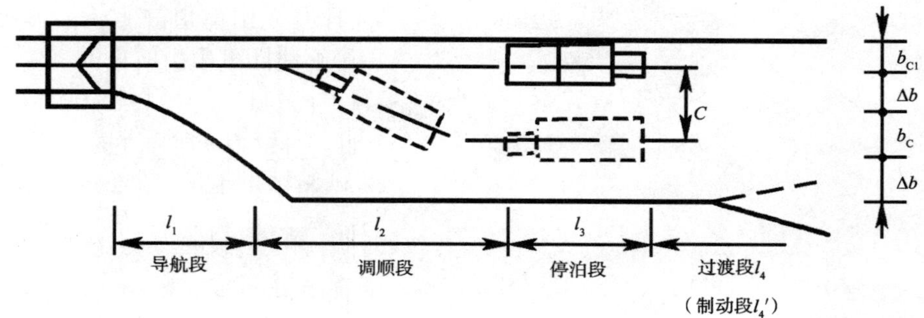

图 4

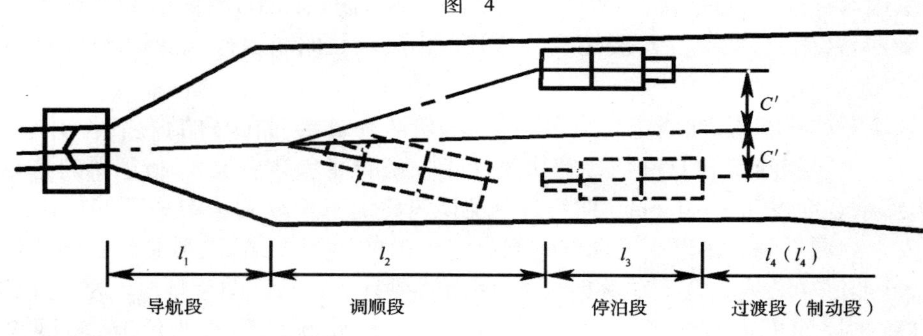

图 5

导航墙后移距离 a 相应的调顺段长 l_2 表3

序　　号	导航墙后移距离 a	调顺段长 l_2	备　　注
1	0.0	$2.32L_c$	$B_0=3.5b_c$ 的条件
2	$0.1b_c$	$2.04L_c$	
3	$0.2b_c$	$1.79L_c$	
4	$0.3b_c$	$1.58L_c$	
5	$0.4b_c$	$1.36L_c$	

在试验中,未发现导航墙后移对船队进闸有影响,因试验组次有限,大于$0.4b_c$的后移距离未试验,后移距离多大,对船队进闸才产生影响,a值再增大后,是否还可缩短l_2段的长度,尚不好定论,还需作进一步的试验研究和运用实践。

在葛洲坝2号船闸实船试验表明长264m的9驳船队进入直线只有650m的导航墙,进闸船队调顺很困难(图6),采用了先带首缆调顺的办法,用去带缆调顺船队时间达17min,而长196m的6驳船队进闸就不感困难,其调顺段达$1.5L_c$,而9驳船队的调顺段只有$1.0L_c$。

图6　一顶9×1000t船队先带头缆调顺航队的困难情景

对于采用对称式的布置(图5)时,由于是曲线进闸,曲线出闸,船队(舶)在调顺船位时位移距离C要小些,因此,调顺段l_2要短些,但因进、出闸均是曲线运行,既不方便又要延长过闸时间。

对于采用对称式布置,曲线进闸直线出闸时,船队在进闸时位移的距离C与采用图4的布置相同。由于船闸闸室(闸首口门)宽比设计船队宽的富余量小很多,按船闸总体设计规范规定,每边富余宽度仅0.5~0.6m。曲线进闸船队需将船身调顺到基本平直,漂角在0.5°~1°左右才可安全顺利进闸。由于采用曲线进闸直线出闸的运行方式,进闸船队由停靠位置调顺到进闸位置(船闸中心线),需要位移距离C,因而需要有一定长度的调顺段。为研究调顺段长度,采用自航遥控船模进行试验,试验采用电视坐标测量系统测量船位航迹,试验船队宽18.4m,闸室宽20m,富余宽度为$0.087b_c \approx 0.09b_c$,容许漂角1.5°。试验结果见表4。

表4

L	成功(%)	半成功(%)	失败(%)
$2.1L_c$	0	0	100
$2.5L_c$	40	0	60
$3.0L_c$	25	25	50
$3.4L_c$	66.66	33.33	0

注:L——船队首距闸首口门距离,$L = l_1 + l_2$。

此外,还试验了$L = 1.67L_c$,各次均不能进闸。

船模试验表明，L 长度大小对船队能否顺利进闸有明显的作用，曲线进闸船队由停泊位置（l_2）位移到船闸中心线位置，调顺船位时，船队会产生左右偏荡，故要求进闸船队在进闸前的航迹宽在闸室（闸首口门）有效宽度内保持稳定，其稳定长度$\geqslant L_c/2$。船队由停泊位置曲线进闸时，如使用大首向角离岸后，仍需使用较大相反首向角来稳定调顺宽度及调顺位置，会使船队产生较大的左右偏荡；如船队使用小首向角离岸，船队首部到达调顺宽度后，船队距闸门已过近，无足够长度稳定调顺位置。只有在 L 达到一定长度后，船队才有余地调顺首尾及稳定调顺位置。试验表明以 $L=3.4L_c$ 为宜。

2. 制动段 l'_4

由于引航道口门区存在纵、横向水流，船队（舶）在由河道或水库驶入引航道时，必须有相当的航速以克服水流对船队（舶）的影响，安全驶过口门区进入引航道，并在停泊段（单向过闸时为导航段）安全停靠。船队（舶）在进入引航道口门停车制动或倒车后，还须经过惯性滑行方可停止前进，所以引航道需要有制动段。制动段的长度 l'_4 与口门区的水流条件，船队（舶）尺度，用车工况，航速、线型、性能和质量，驾驶员的技术水平等有关。船队（舶）载重量愈大。航速愈快，制动距离愈长，顺风顺流时制动距离增大，反之减小。

为了研究确定船队在进行航道口门后所需的制动距离，近 10 年来在鄱阳湖、京杭运河淮安船闸、葛洲坝船闸进行了一系列的实船试验，试验船队从 4×3000t 到 4×300t 不等，取得了有价值的数据，择要列于表 5。表 5 的试验成果表明，船队的制动距离一般为船队长的 2～5 倍，最大可达船队长的 9 倍。

船队实船试验制动距离　　表 5

试验时间	试验地点	试验船队及尺度 ($L_c\times b_c$)	船队载重量 (t)	航速 V_0 (m/s)	终速 V_0 (m/s)	制动距离与船队长比值 s/L_c	备注
1973 年	鄱阳湖	4×3000t 梭顶 243×32.5	12000	3.25	0.49	5.36	上水
1973 年	鄱阳湖		12000	2.87	1.0	4.47	下水
1973 年	鄱阳湖		12000	2.2	1.0	3.97	下水
1973 年	鄱阳湖	4×1500t 梭顶 213×27.4	6000	4.5	1.0	9.16	下水
1973 年	鄱阳湖		6000	4.17	1.0	7.91	下水
1973 年	鄱阳湖		6000	2.83	0.2	4.15	上水
1978 年	鄱阳湖	4×300t 正顶 92×18.4	1200	2.83		1.85	下水
1978 年	鄱阳湖		1200	2.83		2.28	下水
1978 年	京杭运河淮安船闸	4×300t 正顶 92×18.4	1400	2.62	0.5	2.88	顺流
1978 年	京杭运河淮安船闸		1400	2.95	0.5	4.89	顺流
1978 年	京杭运河淮安船闸		1400	2.63	0.5	2.63	顺流
1978 年	京杭运河淮安船闸		1400	2.50	0.5	3.50	顺流

续上表

试验时间	试验地点	试验船队及尺度 ($L_c \times b_c$)	船队载重量 (t)	航速 V_0 (m/s)	终速 V_0 (m/s)	制动距离与船队长比值 s/L_c	备注
1981 年	葛洲坝三江航道	3×1000t 梭顶 172×22.6	3000	3.2	1.05	4.33	顺流
1981 年	葛洲坝三江航道		3000	4.25	0.84	3.12	顺流
1981 年	葛洲坝三江航道	2×1000t+700t 157×21.4	2648	3.8	0.8	1.75	顺流
1981 年	葛洲坝三江航道		2648	4.1	1.55	3.34	顺流
	安徽	3×300t 正顶 123×9	1030	3.31		2.05	下水

经过同船队在水域和航速基本相同的条件下，用停车制动和停车倒车制动的试验比较，后者的制动距离可缩短 30% ~40%。

船闸引航道制动段长度 l'_4 可按倒车制动考虑，采用 2.5 ~4.5 倍船队长，对于中、小船队可取小值，对于大船队可取大值。当引航道口门区为静水时，引航道内的制动段长度可以减小。

当引航道既有过渡段又需制动段时，两段长度可部分地重合使用。

(二)引航道宽度

引航道宽度要根据船闸运行方式，船闸布置，满足船队(舶)停靠、调顺会让和操作上的要求。对引航道宽度计算有的文献是先计算导航段内的宽度，然后再计算调顺和停泊段的增加宽度，这样往往会引起误解，把导航段的宽度误为引航道的宽度，而且都是按船队(舶)宽计算。而实际上过闸船队(舶)在引航道的实际运行和实船试验、船模试验均表明，船队(舶)在引航道运行中由于受到外界因素和驾驶员操作技术水平的影响，船队(舶)总是存在一定的漂角，船队(舶)所占的船宽总是比船队(舶)本身的宽度要大，因此，对航行中的船队(舶)宜用航迹带的宽度，对停靠等候进闸的船队(舶)才用船队(舶)本身的宽。

1. 单线船闸引航道宽

$$B_0 = \sum_1^m b_{c_1} + B + \sum_1^m b_{c_2} + 2\Delta b \tag{13}$$

式中：b_{c_1}、b_{c_2}——等候过闸的最大设计船队宽，当只一侧停船时，$b_{c_2}=0$；

m——等候同次过闸并列停泊的船队(舶)数；

B_c——出闸船队航迹带宽

$$B_c = L_c \sin\beta + b\cos\beta \tag{14}$$

β——漂角，在引航道内可取 3°左右；

Δb——船距、岸距，可取 $\Delta b = 0.5b_c$。

2. 引航道口门宽度

行驶在引航道口门区的船队(舶)受到水流和风的影响或枢纽泄水在口门区产生的非恒定往复流波动不同于引航道内。进、出引航道口门的船队(舶)在受到横流和横风的作用下会发生偏转和横漂,偏转使船队(舶)漂角加大,航迹带增宽、横漂将需要增大航宽,因此,引航道口门宽度要大于引航道的宽度,才可满足船队(舶)安全通畅进出引航道口门的需要。按船队(舶)在引航道口门的航态,求算口门宽度。

单航道

$$B_{0_1} = L_c \sin\beta + b_c \cos\beta + 2\Delta b \tag{15}$$

双航道

$$B_{0_2} = L_{c_1}\sin\beta_1 + b_{c_1}\cos\beta_1 + L_{c_2}\sin\beta_2 + b_{c_2}\cos\beta_2 + d + 2\Delta b \tag{16}$$

式中:L_c、L_{c1}、L_{c_2}、b_c、b_{c_1}、b_{c_2}——进出引航道最大设计船队(舶)的长度和宽度;

d——船与船之间的安全距离;

Δb——船与岸之间的安全距离;

β、β_1、β_2——漂角,根据实船试验和模型试验对进引航道口门的船队(舶)可取6°~8°。

式(15)和(16)仅反映船队(舶)因受水流影响而增大航迹带宽度。而实际上,如前述,还需增加行进中的船队(舶)在横流推压下的横漂宽度。按进、出口门的各种组合情况,以相向运行时的两船队(舶)在口门处会船时的横向漂移距离达到最大值,这时引航道出口门的船队尚未受到横流的作用,横向漂移可视为零。进行航道的船队从进入口门区起在横流作用下即产生横向漂移。设口门区长度为 l_5,船队在口门区航速为 V_0,则船队在口门区的航行历时为

$$t = \frac{l_5}{V_0} \tag{17}$$

航经口门区到达口门处的横向漂移距离为

$$D = tV_c \tag{18}$$

式中:V_c——船队横向漂移速度(m/s),见式(10)。

由此,引航道口门宽度应为

单航道

$$B'_{0_1} = B_{0_1} + D = L_c\sin\beta + b_c\cos\beta + 2\Delta b + \frac{l_5}{V_0}V_c \tag{19}$$

双航道

$$B'_{0_2} = B_{0_2} + D = L_{c_1}\sin\beta_1 + b_{c_1}\cos\beta_1 + L_{c_2}\sin\beta_2 + b_{c_2}\cos\beta_2 + d + 2\Delta b + \frac{l_5}{V_0}V_c \tag{20}$$

实船试验和船模试验表明,船队对横流扰动的响应滞后现象,位置后延约0.5~0.6倍船队长,因此,引航道口门宽 B'_{0_2} 的宽度还要延伸到口门内 D 点(图7),从 D 点再用渐变方式过滤到引航道宽度 B_0。

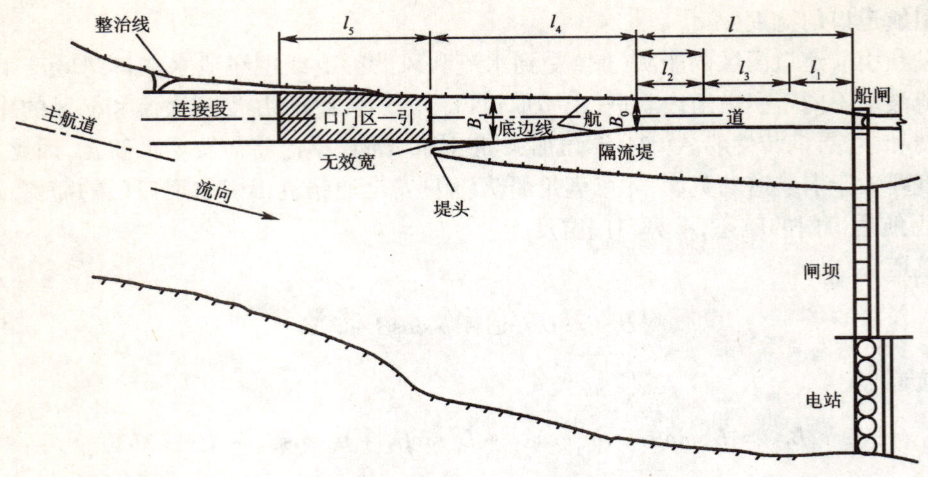

图7 引航道、口门区、连接段示意图

l-直线段;l_1-导航段;l_2-调顺段;l_3-停泊段;l_4-制动段;l_5-口门区;B_1-口门宽度;B_0-引航道宽度

结语

(1)船队(舶)在引航道口门区能克服的横向流速是船队航速的函数,由于大小船队的航速不同,在引航道口门区横向流速的限值也应不同,初步认为:1000t(含1000t)以上的船队为0.3~0.35m/s,300~500吨级船队为0.25~0.3m/s,拖带船队为0.2m/s。增大船队进引航道口门的航速;可以提高横向流速的限值,但会增加冲程,需要很长的制动段,往往为条件所不许,需要根据具体条件进行比选。

(2)船队由引航道进闸的速度很低,仅1.0~1.2m/s左右,甚至更小,而且闸室(闸首口门)的富余宽度很小,容许船队的漂角仅1°左右(指设计船队),故引航道内的横向流速不应超过0.15m/s。

(3)采用非对称式引航道布置,船队曲线出闸时,由于直立式导航墙位于闸首边墙内侧的延线上,出闸船队需船队尾过导墙末端后,才可转弯。将导航墙从闸首墙正面向后平移一个距离 a,可以缩短调顺段 l_2 的长度(0.5~1.0)L_c。由于闸室(闸首口门)富余宽度很小,进闸船队需要平直,漂角只容许1°左右,采用对称式引航道布置,曲线进闸船队离靠船码头时,只宜用小的首向角,因而需要有相当长的调顺段,才可调顺船队并稳定调顺位置,达到安全顺利进闸。

(4)引航道口门宽度要满足船队在受到横流和横风作用下发生偏转和横漂时需要的宽度。由于船队对横流的影响存在滞后现象,口门宽度要向引航道内延伸(0.5~1.0)L_c。

参考文献

[1] 淮安水利枢纽实船试验报告.1980年.

[2] 沱江石盘滩船闸口门区流速条件实船试验报告.1982年2月.

[3] 上海船舶运输科学研究所.船闸引航道口门区通航水流条件船模试验研究报告.1983年7月.

[4] 上海船舶运输科学研究所. 船模“动水校核”试验报告关于船模在动水工模型条件试验的尺度效应问题. 1983 年 7 月.
[5] 淮安船闸实船过闸试验报告.
[6] 葛洲坝三江航道、船闸试航测试报告. 1981 年 8 月.
[7] 上海船舶运输科学研究所. 船闸引航道尺度试验报告. 1984 年 4 月.
[8] 上海船舶运输科学研究所. 对称式船闸引航道(进闸)尺度试验. 1984 年 4 月.
[9] 长江船舶设计院. 内河船舶设计手册. 北京:人民交通出版社,1977 年.
[10]《航海手册》编写组. 航海手册(第三分册). 北京:人民交通出版社,1980 年 12 月.
[11] 武汉河运学校驾驶教研室. 河船驾驶. 北京:人民交通出版社,1977 年.

淮安水利枢纽实船试验报告

涂启明　　　　李　郁

（教授级高级工程师）（高级工程师）

根据交通部(79)交水基字1132号文关于进行船闸设计规范总体篇实船试验的通知精神,为研究船闸引航道口门区的通航水流条件,而进行本次实船试验。

试验由交通部水运规划设计院、江苏省交通厅共同组织。江苏省运河航运公司、淮阴地区交通局、淮安县交通局、扬州地区航道管理处、江西省航运局、交通部第三航务工程局第三工程处、中国科学院遥感所、南科所、上海船研所、长航局、西科所等单位的有关同志60多人参加,连同船员共110多人。试验船队由江西省航运局负责,辅助船队由江苏省交通厅负责,航迹测量由交通部第三航务工程局三处和中国科学院遥感所负责。试验得到各有关单位的大力支持。

为做好试验准备工作,遵照部(79)交水基字1132号通知精神在试验前由交通部水运规划设计院主持于1979年7月18日至24日在南京召开了《船闸设计规范》总体篇科研协调会,对试验的组织领导、试验内容和要求、试验方式、时间、地点、试验船队、试验大纲进行了研究讨论,并查勘了试验现场。

试验人员于8月3日到现场进行准备,试验于8月10日开始至13日结束。由于试验条件要求,试验水域要有0.3m/s左右的横向流速,而这个流速需有较大洪水才可发生,故试验必须根据水情,抢在大洪水时进行。而且试验河段运输繁忙,不能全面停航,在这样的条件下,由于参加试验同志的共同努力,抓住了发洪水的时机,完成了试验任务。

一、试验目的

为研究船闸引航道口门区流速流态对船队(舶)航行的影响,并为水工模型和船模试验提供验证依据。

二、试验地点及其简况

为在试验时能控制流量、流速和试验后便于将原型在模型上复演。经过几次研究,试验选在京杭运河淮安船闸上游运河与灌溉总渠交叉口进行。京杭运河与苏北灌溉总渠在该处平面正交(图1和图2)。运河近于南北向。灌溉总渠近于东西向,交叉口以西(上游)为洪泽湖,来水量由高良涧闸控制,交叉口以东(下游)为运东闸,控制其流量和水位,泄水量为800m^3/s。

交叉口处闸、站等建筑物计有10余座,其南除淮安船闸外,还有运南节制闸、淮安小船闸、引江闸等;其北有板闸等;其东还有运东船闸等;其西(总渠南岸)有运西电站、运西引江闸等。这些泄水建筑物均可泄水和引水,主要泄水建筑物为运东闸,次为运南闸。淮安船闸上游最低通航水位8.5m,最高通航水位10.8m,相应的流量为800m^3/s。

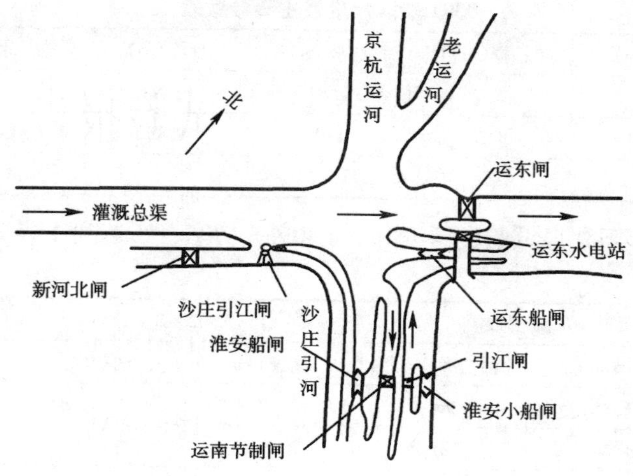

图1　淮安水利枢纽示意图

图2　京杭运河与灌溉总渠交叉口水域

三、试验船队

由于江西赣推0301船队已经过基本性能的试验，便于船模率定试验，故选用江西干推0301轮正顶4艘300t半分节驳组成的船队（图3和图4）。队型和主要尺度见表1。

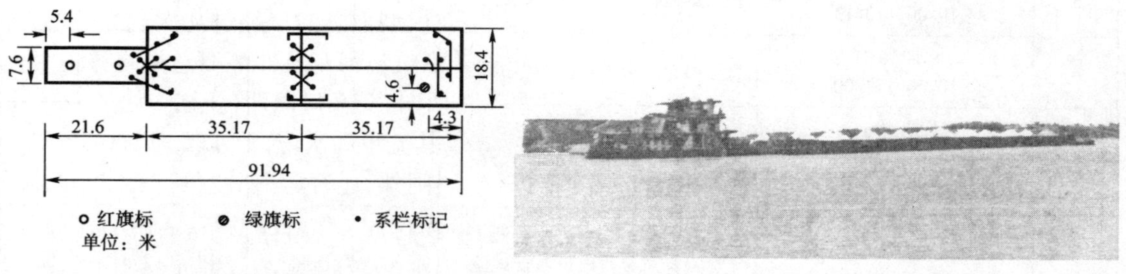

图3　江西赣推0301船队编组图

图4　江西赣推0301船队

0301 船队尺度及主要参数表

表 1

	总长(m)	总宽(m)	吃水(m)	型深(m)	载重量(t)	功率(马力)
推轮	21.6	7.6	1.62	1.9	—	370
驳船	35.17	9.2	1.4	1.85	350	—
船队	92.0	18.4	1.62		1400	370

根据 1978 年在鄱阳湖口试验资料,船队的速率—功率—车速列于表 2。

表 2

车叶转速(r/min)	单独顶轮		2+2+T		注
	航速(km/h)	轴功率(马力)	航速(km/h)	轴功率(马力)	
260	13.35	96.5	7.8	120	推轮固定建筑顶距,轻载水线高度 7.5m
280	14.24	121.4	8.45	149	
300	15.08	150.1	9.10	183	
320	15.89	183.0	9.73	220.5	
340	16.65	219.9	10.38	263.5	
360	17.40	262.0	11.00	314	
370	17.75	284.8	11.35	340	
380	18.10	309.2			

赣推 0301 轮为新设计的长江中下游干—支直达推轮,它采用了导流管、襟叶舵、倒车舵、液压舵机等先进技术,推进、推操等性能均较我国原有的内河拖轮有较大的提高。

四、试验日期、项目及水文气象资料(表 3)

试验日期、项目表

表 3

序号	日　期	项　目	次数	气象	风速(m/s)	注
1	8 月 10 日 7:47～7:50 8:48～8:51	总渠至运河弯道航行试验	2	阴转晴	3～3.2	
2	8 月 10 日 8:13～8:15 9:20～9:25	运河穿总渠直航道航行试验	2	阴转晴	3.2～2.4	
3	8 月 10 日 10:00～10:13	总渠转弯进口门冲程试验	1	阴转晴	3.0	
4	8 月 10 日 10:54～11:00	运河穿总渠进口门冲程试验	1	阴转晴	2.6	
5	8 月 11 日 7:05～7:09 8:24～8:27	总渠至运河弯道航行试验	2	晴	3.2～2.8	
6	8 月 11 日 7:23～7:27 8:40～8:44 9:43～9:46	运河穿总渠直航道航行试验	3	晴	3.1～2.4	

续上表

序号	日　期	项　目	次数	气象	风速(m/s)	注
7	8月11日 9:22～9:30	总渠转弯进口门冲程试验	1	晴	2.2～1.5	
8	8月11日 10:13～10:19	运河穿总渠进口门冲程试验	1	晴	2.3	
9	8月13日 8:31～8:39	总渠转弯进口门冲程试验	1	晴	3.0	
10	8月13日 9:36～9:44	运河穿总渠进口门冲程试验	1	晴	2.2	

此外，还进行了断面流速和表面流速的测验。

为控制试航水域的流速，对与试验水域有关的各闸的流量和水位进行了控制和观测。

淮安水利枢纽各闸的流量列于表4，水位列于表5。

淮安水利枢纽各闸流量表　　单位：m^2/s　表4

出入流	流量控制部位＼日期	8月10日	8月11日	8月12日	8月13日	说　明
入流	灌溉总渠上游	646	481	594	746	由高良涧节制闸、电站等来水
出流	运西闸				150	
	运南涵闸	46	43	47	187	包括：运南闸头闸地涵
	运北各涵闸	47	49	53	53	包括：板闸、耳洞马沙等
	运东闸	557～584	448～458	465～471	254～258	系按上游水位流量关系表查得
	小计	650～677	540～550	565～571	644～648	

试验期间淮安水利枢纽各闸水位表　　单位：m　表5

日期＼控制部位	运东节制闸	运南节制闸	运西抽水站
8月10日6～12时	9.33～9.20	9.37～9.21	9.43～9.23
8月11日6～12时	9.40～9.30	9.41～9.31	9.38～9.12(9.30)
8月12日6～12时	9.53～9.47	9.54～9.46	9.54～9.48
8月13日6～12时	9.61～9.67	9.54～9.59	9.55～9.59
备注			

试验期间运东闸水位流量变化情况列于表6。

试验期间运东闸水位、流量变化情况表　　表6

时段(时)＼项目＼日期	8月10日		8月11日		8月12日		8月13日		备注
	水位(m)	流量(m^3/s)	水位(m)	流量(m^3/s)	水位(m)	流量(m^3/s)	水位(m)	流量(m^3/s)	
6	9.33	584	9.40	458	9.53	471	9.61	254	
7	9.31	580	9.38	457	9.53	471	9.62	255	
8	9.31	580	9.36	454	9.50	468	9.64	256	
9	9.26	571	9.35	453	9.51	469	9.63	256	
10	9.24	567	9.33	451	9.51	469	9.65	256	
11	9.21	561	9.30	448	9.51	469	9.65	256	
12	9.20	559	9.30	448	9.49	465	9.65	257	

为供模型试验时参考,将江苏省灌溉总渠管理处提供的运东闸1975年实测水位流量关系列于表7。

运东闸1975年实测水位～流量关系表(自由式、半淹没式)　　表7

闸门开度 $\theta=2.2$m		$\theta=1.4$m		$\theta=0.65$m	
水位(m)	流量(m^3/s)	水位(m)	流量(m^3/s)	水位(m)	流量(m^3/s)
8.60	438	8.60	368	8.60	209
8.70	460	8.70	379	8.70	214
8.80	481	8.80	391	8.80	219
8.90	500	8.90	402	8.90	224
9.00	520	9.00	414	9.00	228
9.10	539	9.10	425	9.10	233
9.20	559	9.20	437	9.20	437
9.30	578	9.30	448	9.30	241
9.40	597	9.40	458	9.40	246
9.50	615	9.50	468	9.50	250
9.60	632	9.60	478	9.60	254
9.70	652	9.70	488	9.70	258
9.80	668	9.80	497	9.80	262
9.90	684	9.90	506	9.90	266
10.00	701	10.00	516	10.00	270
10.10	717	10.10	525	10.10	274
10.20	733	10.20	534	10.20	278
10.30	749	10.30	543	10.30	282
10.40	765	10.40	552	10.40	286
10.50	781	10.50	561	10.50	290

注:(1)1979年8月10～13日试验期间,运东闸闸门开启度分别为2.2m、1.4m、0.65m。
(2)以上各日试验时段6:00～12:00。

五、测试内容及方法

为研究水流对航队船行的影响,根据试验水域——淮安船闸上游运河与灌溉总渠交叉口的条件,试验水流条件由运东节制闸控制下泄不同流量,在引航道口门与灌溉总渠交汇处造成各级纵、横、回流流速。试验横向流速按0.2、0.3、0.4m/s控制。

试验船队的车速按常车、快车、慢车三级控制。

(一)测试内容

(1)船队由总渠至运河转弯航行试验,测量航迹,船行过程中舵角、航向。

(2)船队由运河从北往南和从南往北穿总渠航行试验,测量航迹、舵角及航向。

(3)船队由总渠至运河转弯进引航道口门试验,测量航迹、舵角、航向及冲程。

(4)船队由运河从北往南横穿总渠进引航道口门试验,测量航迹、舵角、航向及冲程。

(5)拖驳船队由运河从北往南横穿总渠进引航道口门航迹观测。

(6)流速观测。

(二)测试方法

由于灌溉总渠与运河交叉口的宽度大,试验船队尺度不相适应,故采用设标标出引航道口

门位置和宽度。引航道口门宽度采用一个船队长，由于本次试验是单线航行，故口门宽按半个船队长，即46m。

试验航线布置见图5。为取得试验时的流速资料，在每天试验前先由运东闸按试验要求计算试验所需流量，待流量、水位调稳后，即进行流速、流向的施测。流速、流向采用施放浮标（图6）用经纬仪交汇测量和立体摄影经纬仪观测。浮标在灌溉总渠施放，随水流漂浮过交叉口，到运东闸前的水域回收。

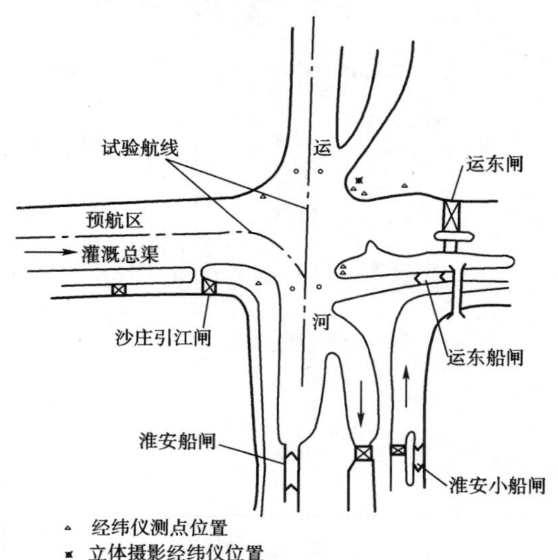

图5　试验航线布置示意图

图6　施放浮标图

测流后，随即进行船队航行试验（由运东闸按测流时的水位、流量控制水位、流量），试验采用岸上和船上分别测记，岸上用经纬仪和立体摄影经纬仪观测航迹线，经纬仪布设在试验水域四周的岸边，立体摄影经纬仪布设在试验水域的东北岸边（见图5）。船上测记用车、用舵和航向。观测由船上统一发出指挥讯号，试验船队由预航区调稳航速，到距试验标界前100m，由船上发出预备信号，各观测点和人员作好测记准备。试验船队到达试验区域标界，由船上发出观测令，岸上和船上同时开始测记，然后岸上和船上分别指挥。岸上在得到观测令测定第一个船位后，由岸上指挥发令各测点每隔15～20s同步观测一次船位（船队艏、艉各一标）。船上在接到观测令用秒表连续计时，测记操舵、航向变化。当船队驶离试验水域时，由船上发出本次试验结束信号，岸上、船上均停止测记。航行试验当船队不受横流影响时结束；冲程试验当船队驶入引航道口门浮标时停车滑行，或倒车滑行，测记滑行距离，到船队停为止。本次试验由于船队受岸线遮挡，行驶的船队未停止各测点就测不到船位。本次试验结束后，船队驶往掉头区掉头，再进行下次试验。

拖驳船队航迹观测是利用过往的运输船队进行，即将等待过闸的南驶船队停泊在交叉口试验水域以北的运河中，在船队的每驳上插上旗帜，作为观测标志，顶推船队试验结束后，发令已插上观测标志的拖驳船队依次开航，由北往南横穿灌溉总渠进引航道口门。船队到达观测标界时，由岸上指挥统一发观测令，各测点测量第一个船位，然后每隔20～30s各测点同步观

测船位，直至船队驶过引航道口门后止。

试验期间的风速、风向采用手提风速仪观测。

六、测试资料及成果

（一）流速测验

（1）每天试验前测验断面流速并绘于各航行试验和冲程试验图中。

（2）断面流速测验：为取得断面垂线流速在试验水域进行了交叉口东、中、西三个断面的流速测验，各断面位置见图7。中断面约在淮安船闸东闸墙的延长线上，东、西两断面在中断面的两侧，间距约200m，观测采用在以灌溉总渠中心线为中点的250～350m宽度设了9个浮鼓或浮船，间距约50m，在浮鼓或浮船间，系尼龙绳，绳中点为一垂线，各垂线位置均用经纬仪交会测定，流速用流速仪观测。

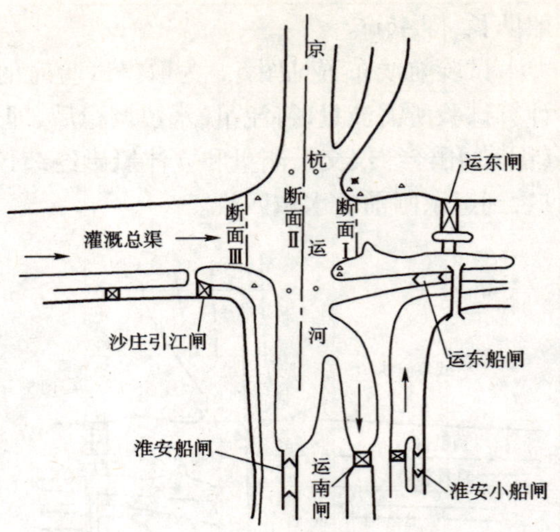

图7　测流断面位置示意图

各断面观测时间列于表8。

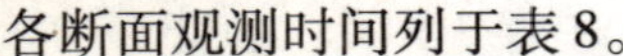

表8

日期		时段	断面	注
月	日			
8	11	11时至12时5分	Ⅲ	图10、表11
	12	9时50分至12时	Ⅱ	图9、表10
	12	8时至9时15分	Ⅰ	图8、表9

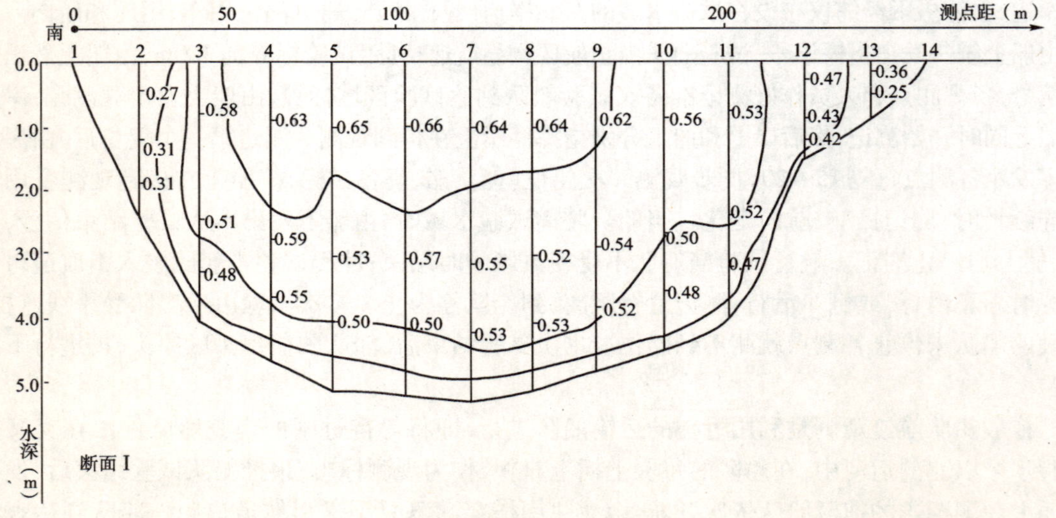

图8　断面Ⅰ点流速（单位：m/s）

断面Ⅰ　流速流量表　　表9

测点编号	起点距（m）	水深（m）	垂线平均流速（m/s）	平均流速（m/s）	平均水深（m）	间距（m）	部分面积（m^2）	部分流量（m^3/s）
1	0.0	0						
				0.15	1.20	21.0	25.2	3.78
2	21.0	2.4	0.30					
				0.41	3.30	20.0	66.0	27.06
3	41.0	4.2	0.52					
				0.555	4.45	21.0	93.45	51.86
4	62.0	4.7	0.59					
				0.570	4.95	18.5	91.58	52.20
5	80.5	5.2	0.55					
				0.565	5.25	21.5	112.88	63.77
6	102.0	5.3	0.58					
				0.575	5.35	21.0	112.35	64.60
7	123.0	5.4	0.57					
				0.560	5.30	19.5	103.35	57.88
8	142.5	5.2	0.55					
				0.555	5.05	19.5	98.48	54.65
9	162.0	4.9	0.56					
				0.535	4.75	21.0	99.75	53.37
10	183.0	4.6	0.51					
				0.510	4.35	19.5	84.83	43.26
11	202.5	4.1	0.51					
				0.475	2.85	22.5	64.13	30.46
12	225.0	1.6	0.44					
				0.375	1.30	19.5	25.35	9.51
13	244.5	1.0	0.31					
				0.155	0.50	18.0	9.00	1.40
14	262.5	0.6	0.00					
							合计	513.8≈514

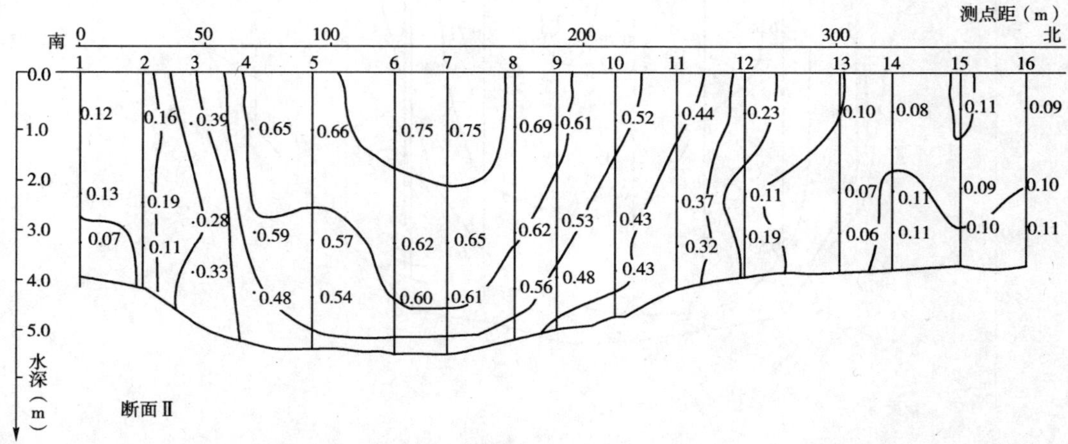

图9　断面Ⅱ点流速（单位：m/s）

断面 II 流速流量表 表 10

测点编号	起点距（m）	水深（m）	垂线平均流速（m/s）	平均流速（m/s）	平均水深（m）	间距（m）	部分面积（m^2）	部分流量（m^3/s）
1	0.0	3.95	0.11					
				0.135	4.075	24.5	99.84	13.48
2	24.5	4.20	0.16					
				0.240	4.550	19.0	86.45	20.75
3	43.5	4.90	0.32					
				0.450	5.150	25.0	128.75	57.94
4	68.6	5.40	0.58					
				0.585	5.450	24.5	133.53	78.11
5	93.0	5.50	0.59					
				0.620	5.550	32.0	177.60	110.11
6	125.0	5.60	0.65					
				0.660	5.600	20.0	172.00	73.92
7	145.0	5.60	0.67					
				0.645	5.450	26.5	144.43	93.15
8	171.5	5.30	0.62					
				0.580	5.200	17.5	91.00	52.78
9	189.0	5.10	0.54					
				0.495	5.000	23.0	115.00	56.93
10	212.0	4.90	0.45					
				0.415	4.600	24.0	110.40	45.82
11	236.0	4.30	0.38					
				0.270	4.200	26.5	111.30	30.05
12	262.5	4.10	0.16					
				0.117	4.050	38.0	153.90	18.00
13	300.5	4.00	0.074					
				0.087	4.000	23.0	92.00	8.00
14	323.5	4.00	0.10					
				0.098	3.950	27.0	106.65	10.45
15	350.5	3.90	0.096					
				0.098	3.900	26.0	101.40	9.94
16	376.5	3.90	0.099					
							合计	679.43≈679

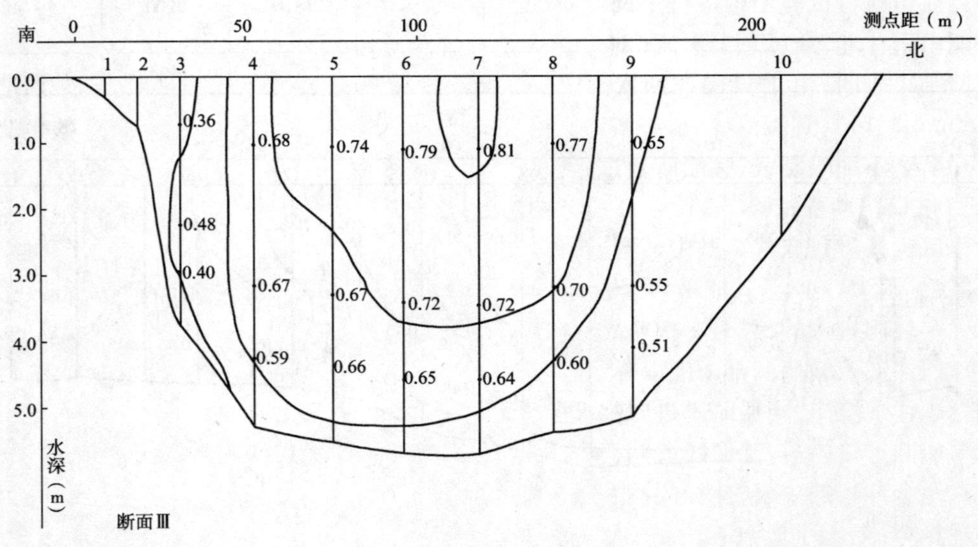

图 10 断面 III 点流速（单位：m/s）

断面 III　流速流量表　　　　表 11

测点编号	起点距(m)	水深(m)	垂线平均流速(m/s)	平均流速(m/s)	平均水深(m)	间距(m)	部分面积(m^2)	部分流量(m^3/s)
0	0.00	0.0						
1	10.0	0.25						
2	20.0	0.80	0.00					
				0.215	1.85	13.0	24.05	5.17
3	33.0	3.70	0.43					
				0.540	4.50	21.5	46.75	52.25
4	54.5	5.30	0.65					
				0.670	5.40	22.0	118.80	79.60
5	76.5	5.50	0.69					
				0.705	5.60	20.5	114.80	80.93
6	97.0	5.70	0.72					
				0.720	5.70	22.5	128.25	92.34
7	119.5	5.70	0.72					
				0.705	5.505	22.5	123.75	87.24
8	142.0	5.40	0.69					
				0.630	5.300	23.0	121.90	76.80
9	165.0	5.20	0.57					
				0.285	2.600	44.0	114.40	32.60
10	209.0	0.00	0.00					
							合计	506.93≈507

(二)航行试验

航行试验共进行 9 次,其中弯道航行试验四次,直航道航行试验五次,其结果列于表 12,航迹线见图 11 ~ 13。成果表明,几次航行试验的航迹基本一致,弯道航行试验航迹带宽的偏离值约为 17% ~38%,直航道航行试验航迹带宽的偏离值约为 25% ~29%。

在直航道航行试验中曾进行了两次操舵试验,试验时试图只操舵两次,即左 10°,右 10°,使船队能由南往北,穿过总渠水流(对船队为横流),测验船队在横流作用下的航迹和航行状态。试验结果表明,由于只操舵两次,船队在横流作用下失控,迅速下跨,偏离计划航行达 100 ~150m(图 14),到缓流区,操左舵,才控制住船队,掉头驶入总渠。对操舵次数、舵角、航向变化和航宽不加限制,试验船队通过了横流区。

(三)进口门冲程试验

冲程试验共进行六次。其中转弯进口门冲程试验三次。穿总渠直航道进口门冲程试验三次,航迹线见图 15 ~18。其成果列于表 13。试验成果表明,转弯进口门的三次试验,船队基本上是循标定口门进入的,只有一次略靠近左侧标志,进口门后受横风影响船队偏航。穿总渠直航道进口门三次试验船队都未能由标定的口门进入,而是压标并偏右侧进入,有的航次出现打横。如标志代表堤岸,则船队未进口门而碰堤。

由于船队进口门后,受岸线遮挡,船队制动后还在惯性滑行,各测点就测不到船位,故实测的冲程只是全冲程的一段,冲程的后一段用计算补充。

计算参考《航海手册》(第三册,人民交通出版社,1980 年 12 月)的下述经验公式:

(1)停车惯性冲程

航行试验表

表12

组次 \ 项目	时间	试验方式	初转速(r/min)	航行距离(m)	航行历时(s)	航速(m/s)	操舵次数(次)	流速(m/s) 纵向	流速(m/s) 横向	弯曲半径(m) 最大	弯曲半径(m) 最小	航迹带宽(m) 本次	航迹带宽(m) 各次总宽	最大漂角(°)	备注
1	8月10日 7:45~7:50	弯道航行试验		565.5	195	2.9	9	0.81	0.33	550	200	63	72	31°	
2	8月10日 8:48~8:51	弯道航行试验	700	479	165	2.9	6	0.77	0.41	300	197	65	72	38°	
7	8月11日 7:05~7:09	弯道航行试验	700	630	210	3.0	10	0.72	0.26	344	257	55	72	27.5°	
8	8月11日 8:24~8:27	弯道航行试验	700	555.8	195	2.85	10	0.65	0.40	391	347	57	72	33°	
3	8月10日 8:09~8:15	直航道航行试验		417	300	1.39	2	0.0	0.80			110		67°	
4	8月10日 9:20~9:25	直航道航行试验	700	373.8	210	1.78	4	0.44	0.63			48		45°	
9	8月11日 7:23~7:27	直航道航行试验	700	681.2	285	2.39	14	0.07	0.63			31	40	8°	
10	8月11日 8:40~8:44	直航道航行试验	700	556.8	240	2.32	12	0.0	0.67			32	40	13.5°	

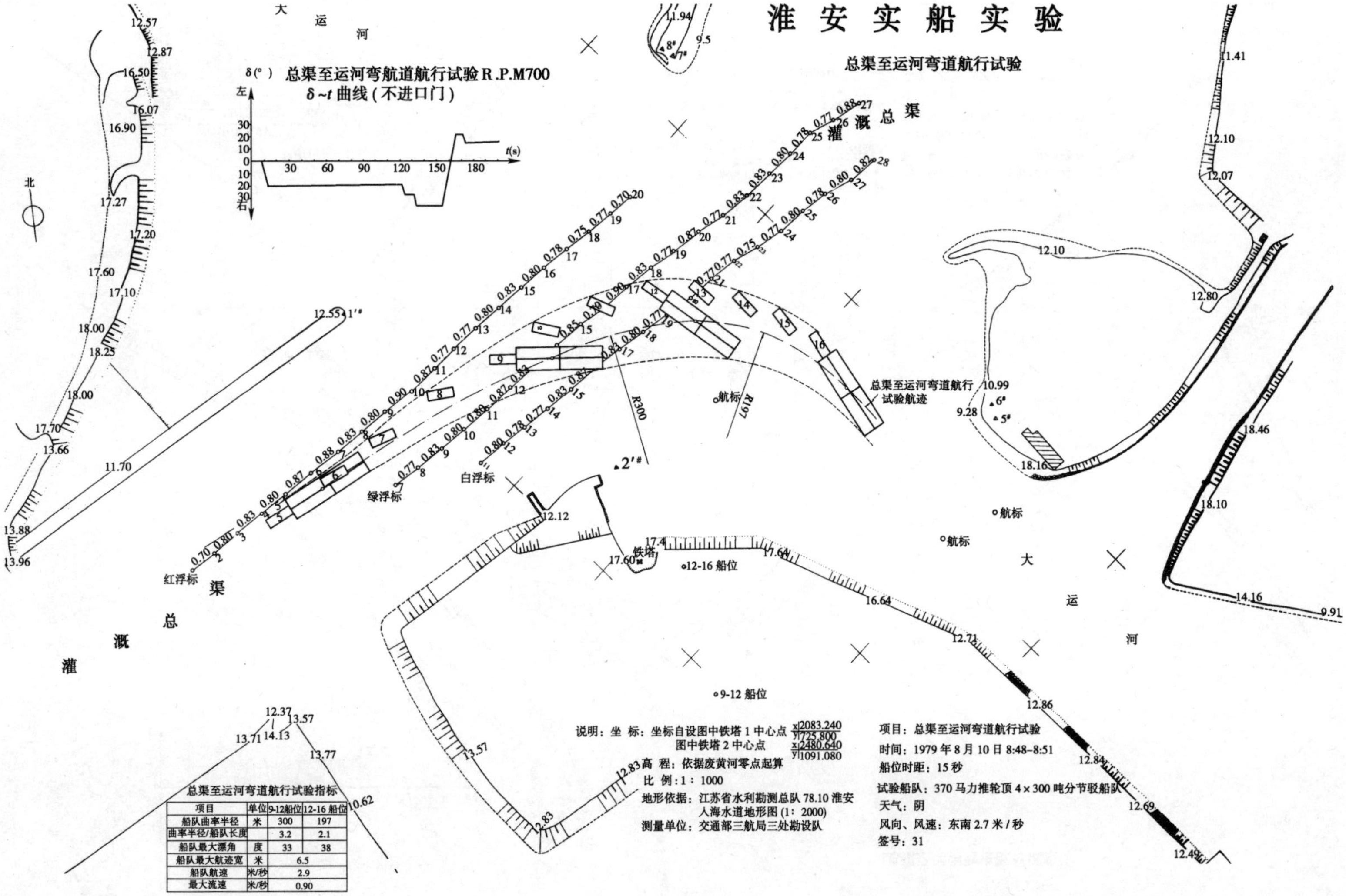

淮 安 实 船 实 验

总渠至运河弯道航行试验

总渠至运河弯道航行试验 R.P.M700
δ~t 曲线（不进口门）

说明：坐 标：坐标自设图中铁塔 1 中心点 $\frac{x2083.240}{y725.800}$
图中铁塔 2 中心点 $\frac{x2480.640}{y1091.080}$
高 程：依据废黄河零点起算
比 例：1：1000
地形依据：江苏省水利勘测总队 78.10 淮安入海水道地形图（1：2000）
测量单位：交通部三航局三处勘设队

项目：总渠至运河弯道航行试验
时间：1979 年 8 月 10 日 8:48-8:51
船位时距：15 秒
试验船队：370 马力推轮顶 4×300 吨分节驳船队
天气：阴
风向、风速：东南 2.7 米 / 秒
签号：31

总渠至运河弯道航行试验指标

项目	单位	9-12船位	12-16 船位
船队曲率半径	米	300	197
曲率半径/船队长度		3.2	2.1
船队最大漂角	度	33	38
船队最大航迹宽	米	6.5	
船队航速	米/秒	2.9	
最大流速	米/秒	0.90	

图 11

淮安实船实验

总渠至运河弯道航行试验

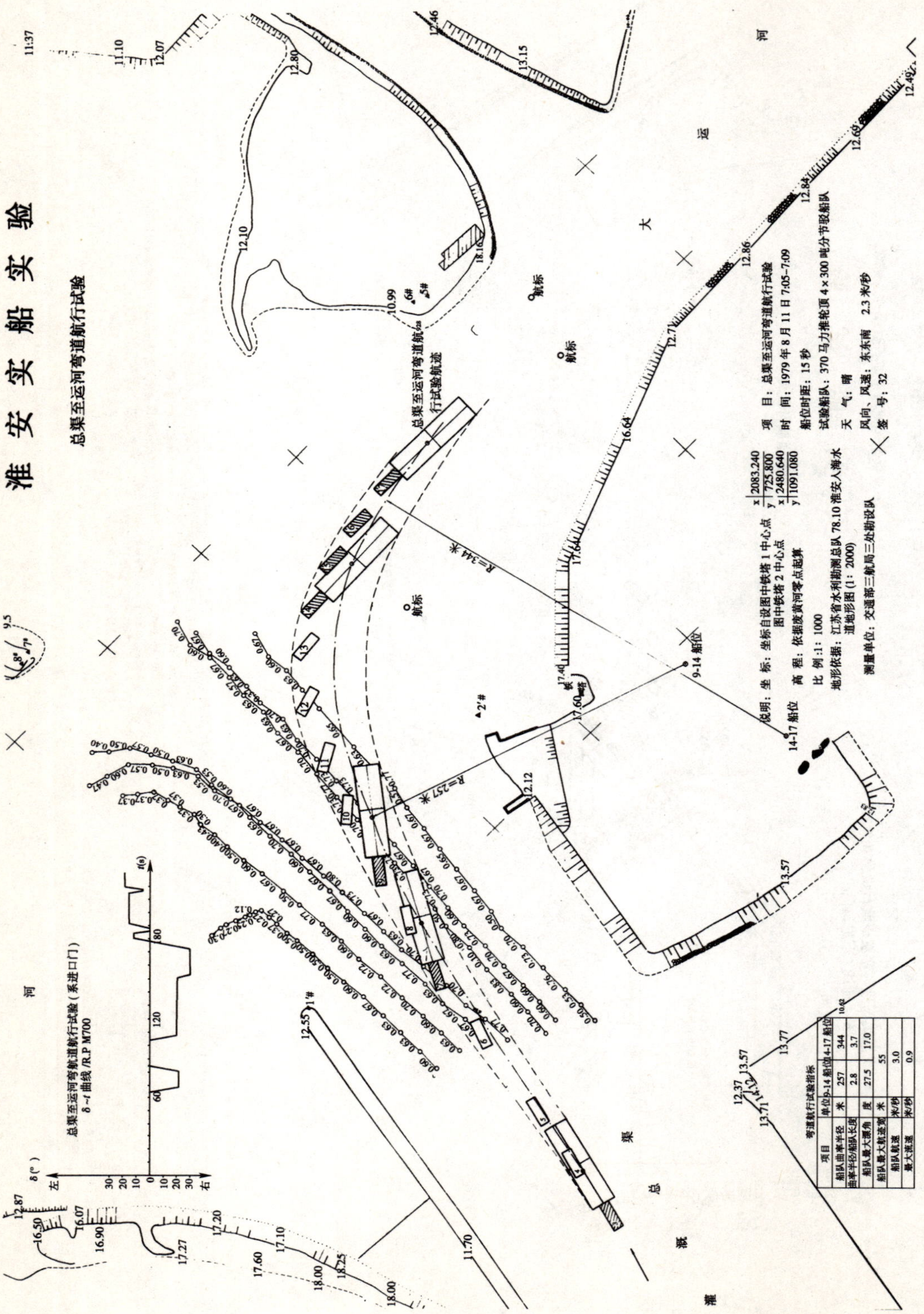
总渠至运河弯道航行试验（系进口门）
δ~t 曲线 /R.P M700
总渠至运河弯道航行试验航迹
R=257
R=344
9-14 船位
14-17 船位
航标
大
运
河
总
渠
灌
溉
说明：坐 标：坐标自设图中铁塔 1 中心点 x 2083.240 y 725.800
图中铁塔 2 中心点 x 2480.640 y 1091.080
高 程：依据废黄河零点起算
比 例：1:1000
地形依据：江苏省水利勘测总队 78.10 淮安入海水道地形图（1:2000）
测量单位：交通部三航局三处勘设队
项 目：总渠至运河弯道航行试验
时 间：1979 年 8 月 11 日 7:05-7:09
船位时距：15 秒
试验船队：370 马力推轮顶 4×300 吨分节驳船队
天 气：晴
风向、风速：东东南 2.3 米/秒
签 号：32

弯道航行试验指标

项目	单位	9-14 船位	14-17 船位
船队曲率半径	米	257	344
曲率半径/船队长度		2.8	3.7
船队最大漂角	度	27.5	17.0
船队最大航宽	米	55	
船队航速	米/秒	3.0	
最大流速	米/秒	0.9	

图 12

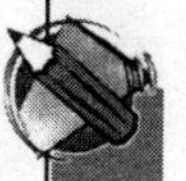

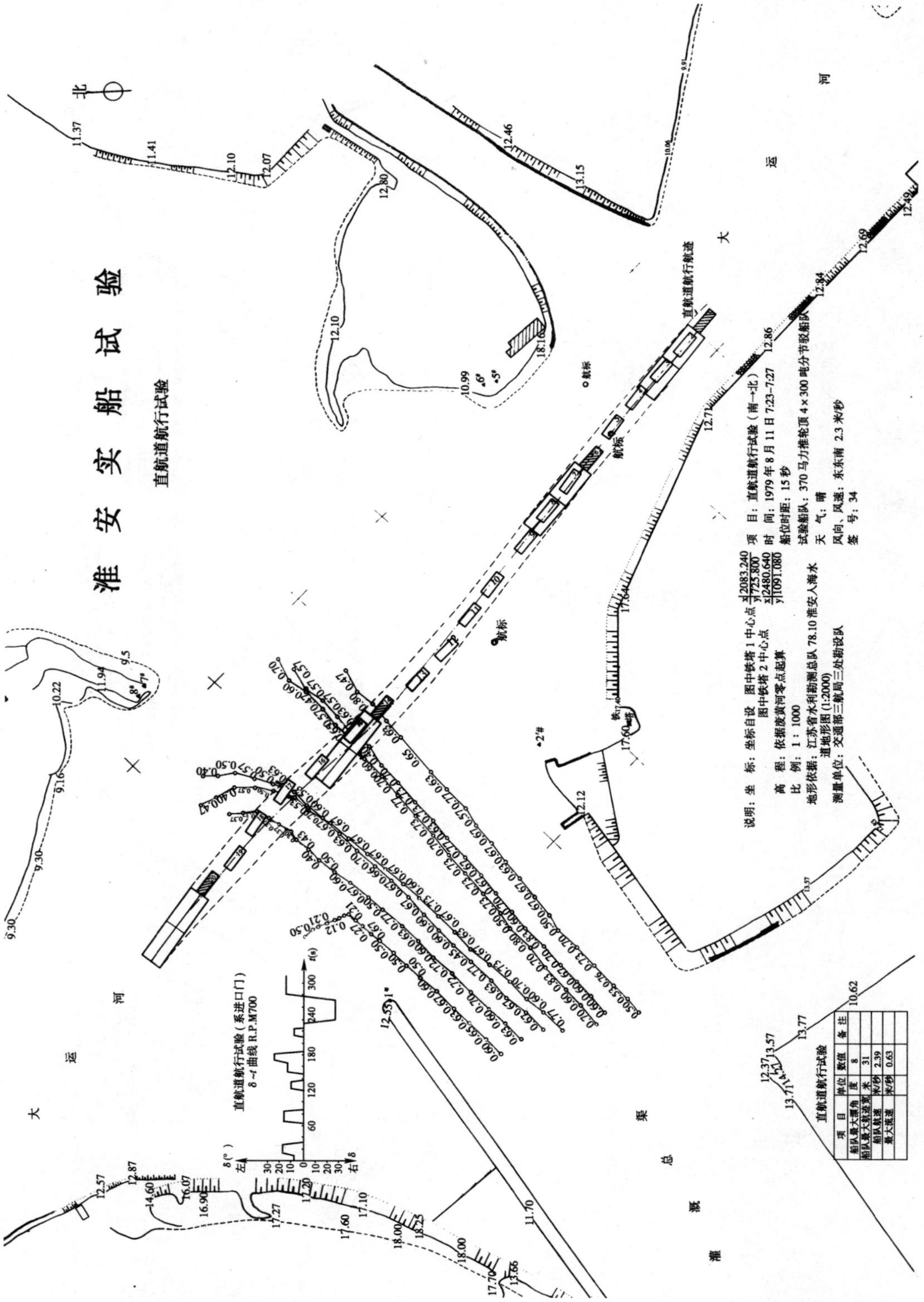
淮 安 实 船 试 验
直航道航行试验
北
大 运 河
总 渠
直航道航行试验（系进口门）
δ~t 曲线 R.P.M700
直航道航行航迹
航标
说明：坐　标：坐标自设　图中铁塔 1 中心点 x 2083.240 y 725.800
图中铁塔 2 中心点 x 2480.640 y 1091.080
高　程：依据废黄河零点起算
比　例：1∶1000
地形依据：江苏省水利勘测总队 78.10 淮安人海水道地形图 (1:2000)
测量单位：交通部三航局三处勘设队
项　目：直航道航行试验（南→北）
时　间：1979 年 8 月 11 日 7:23–7:27
船位时距：15 秒
试验船队：370 马力推轮顶 4×300 吨分节驳船队
天　气：晴
风向、风速：东东南 2.3 米/秒
签　号：34

直航道航行试验

项　目	单位	数值	备　注
船队最大漂角	度	8	
船队最大航迹宽	米	31	
船队航速	米/秒	2.39	
最大流速	米/秒	0.63	

图 13

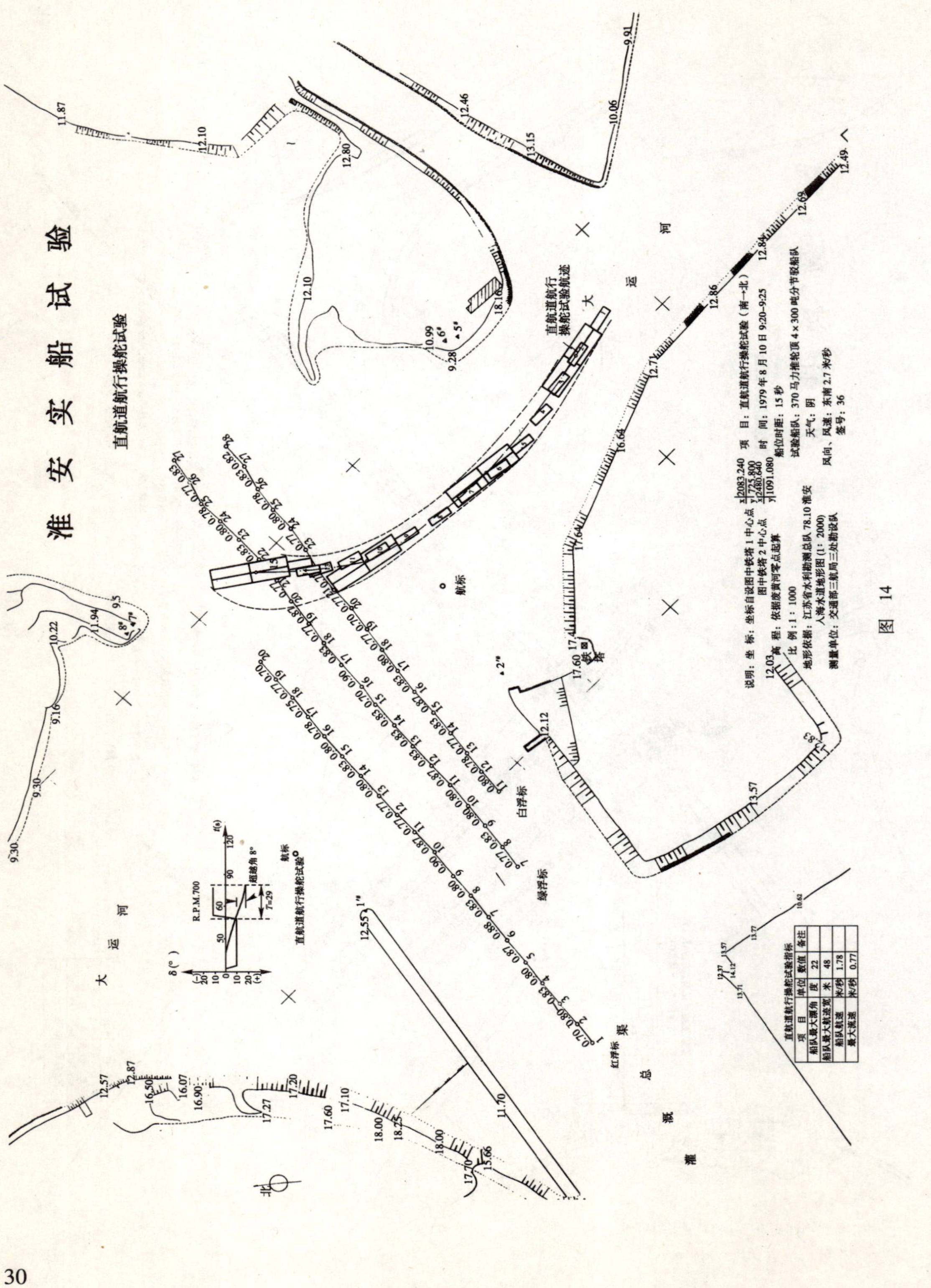

淮 安 实 船 试 验

直航道航行操舵试验

大运河

灌溉总渠

直航道航行操舵试验航迹

航标

白浮标

绿浮标

红浮标

铁塔

北

R.P.M.700

超越角 8°

T=29

直航道航行操舵试验

直航道航行操舵试验指标

项　目	单位	数值	备注
船队最大漂角	度	22	
船队最大航迹宽	米	48	
船队航速	米/秒	1.78	
最大流速	米/秒	0.77	

说明：坐　标：坐标自设图中铁塔 1 中心点 x 2083.240 / y 725.800

图中铁塔 2 中心点 x 2480.640 / y 1091.080

高　程：依据废黄河零点起算

比　例：1：1000

地形依据：江苏省水利勘测总队 78.10 淮安入海水道地形图 (1：2000)

测量单位：交通部三航局三处勘设队

项　目：直航道航行操舵试验（南→北）

时　间：1979 年 8 月 10 日 9:20–9:25

船位时距：15 秒

试验船队：370 马力推轮顶 4×300 吨分节驳船队

天气：阴

风向、风速：东南 2.7 米/秒

签号：36

图　14

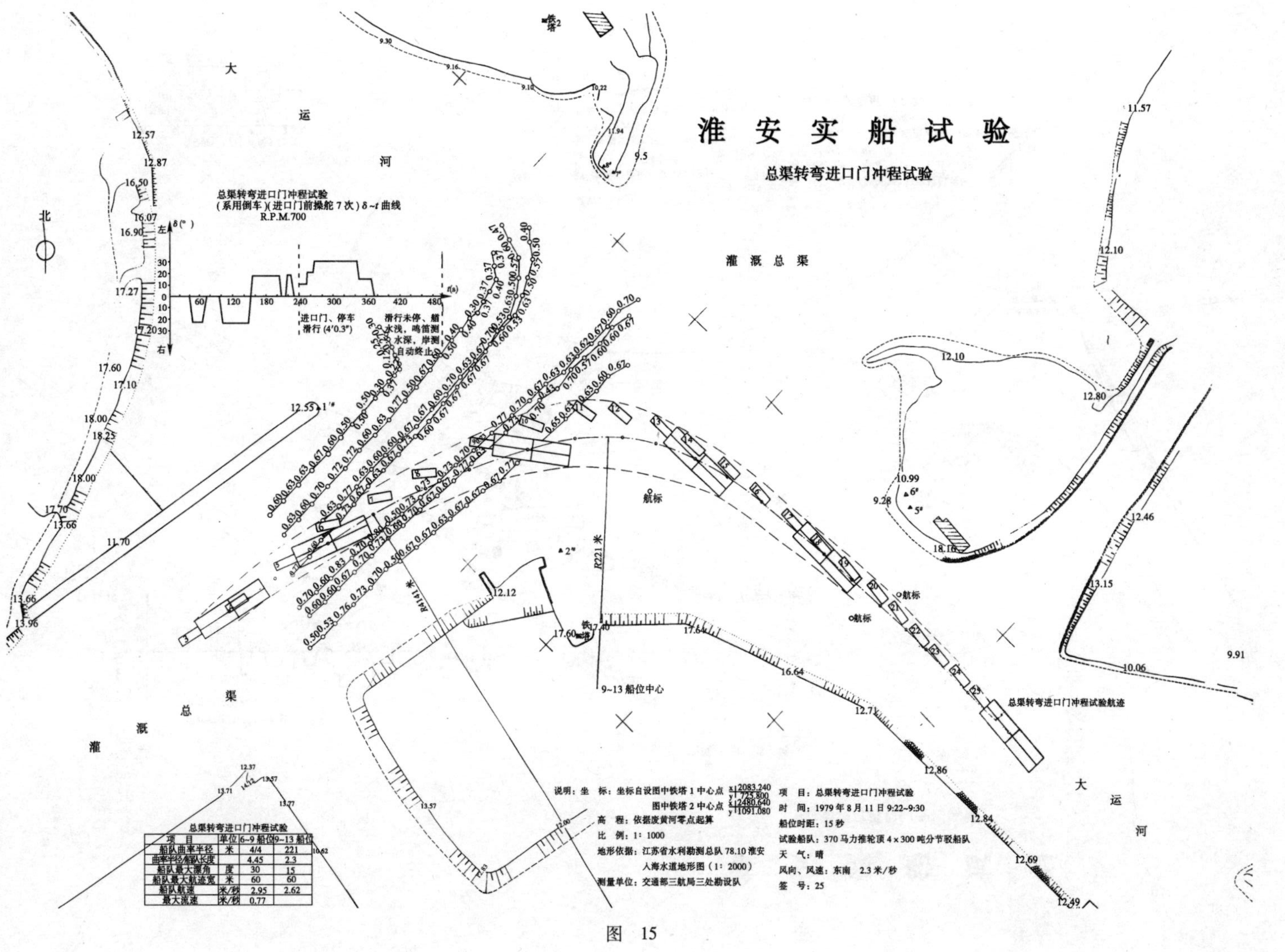

总渠转弯进口门冲程试验

项 目	单位	6~9 船位	9~13 船位
船队曲率半径	米	4/4	221
曲率半径/船队长度		4.45	2.3
船队最大漂角	度	30	15
船队最大航迹宽	米	60	60
船队航速	米/秒	2.95	2.62
最大流速	米/秒	0.77	

图 15

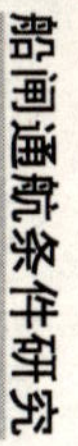

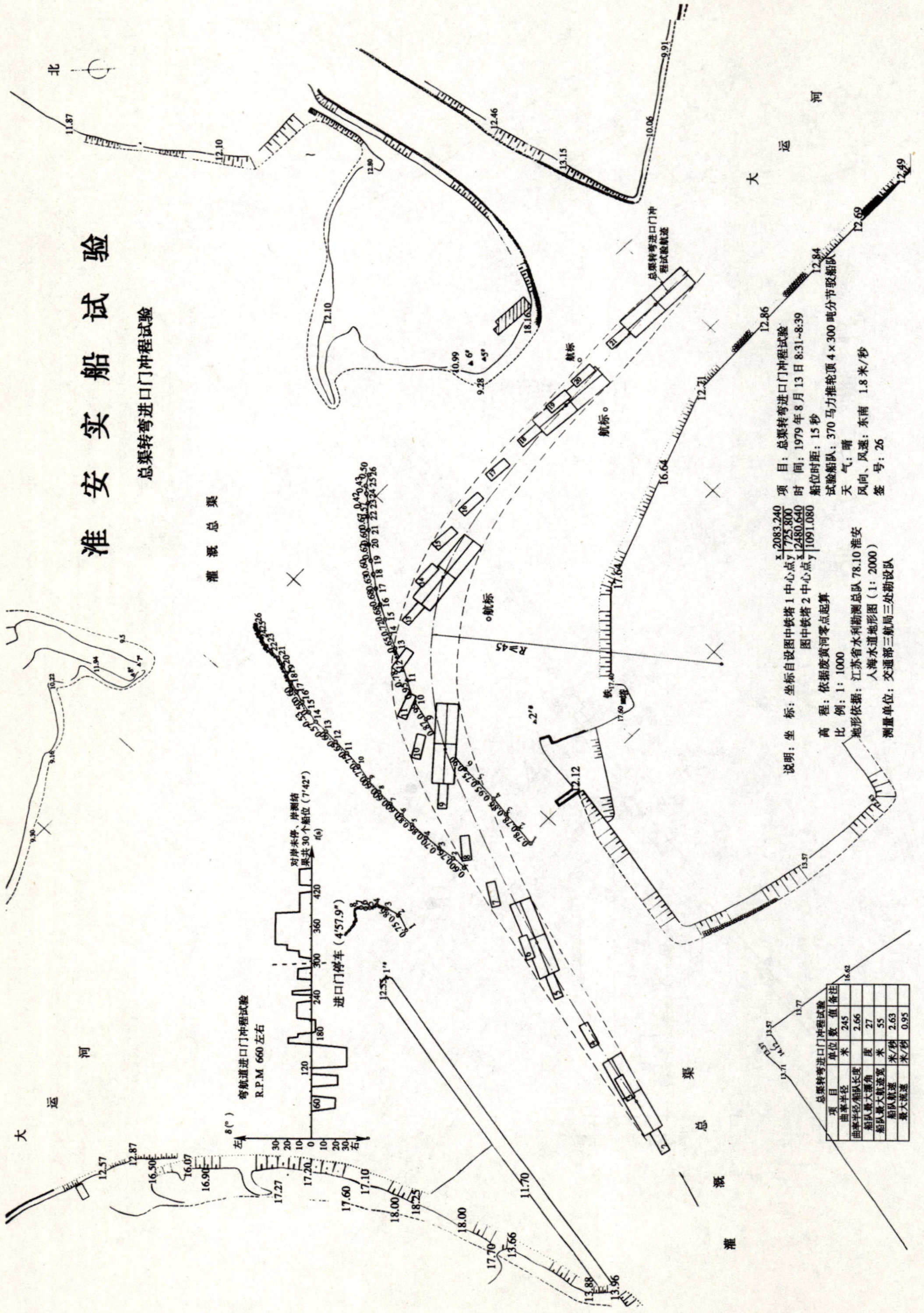

淮安实船试验

总渠转弯进口门冲程试验

灌溉总渠

大运河

弯航道进口门冲程试验
R.P.M 660 左右

进口门停车（4′57.9″）

对岸未停、岸测结果共30个船位（7′42″）

总渠转弯进口门冲程试验航迹

说明：坐　标：坐标自设图中铁塔1中心点 x 2083.240 y 725.800
图中铁塔2中心点 x 2480.640 y 1091.080
高　程：依据废黄河零点起算
比　例：1：1000
地形依据：江苏省水利勘测总队78.10淮安入海水道地形图（1：2000）
测量单位：交通部三航局三处勘设队

项　目：总渠转弯进口门冲程试验
时　间：1979年8月13日 8:31~8:39
船位时距：15秒
试验船队：370马力推轮顶4×300吨分节驳船队
天　气：晴
风向、风速：东南　1.8米/秒
签　号：26

总渠转弯进口门冲程试验

项　目	单位	数　值	备注
曲率半径	米	245	
曲率半径/船队长度		2.66	
船队最大漂角	度	27	
船队最大航迹宽	米	55	
船队航速	米/秒	2.63	
最大流速	米/秒	0.95	

图　16

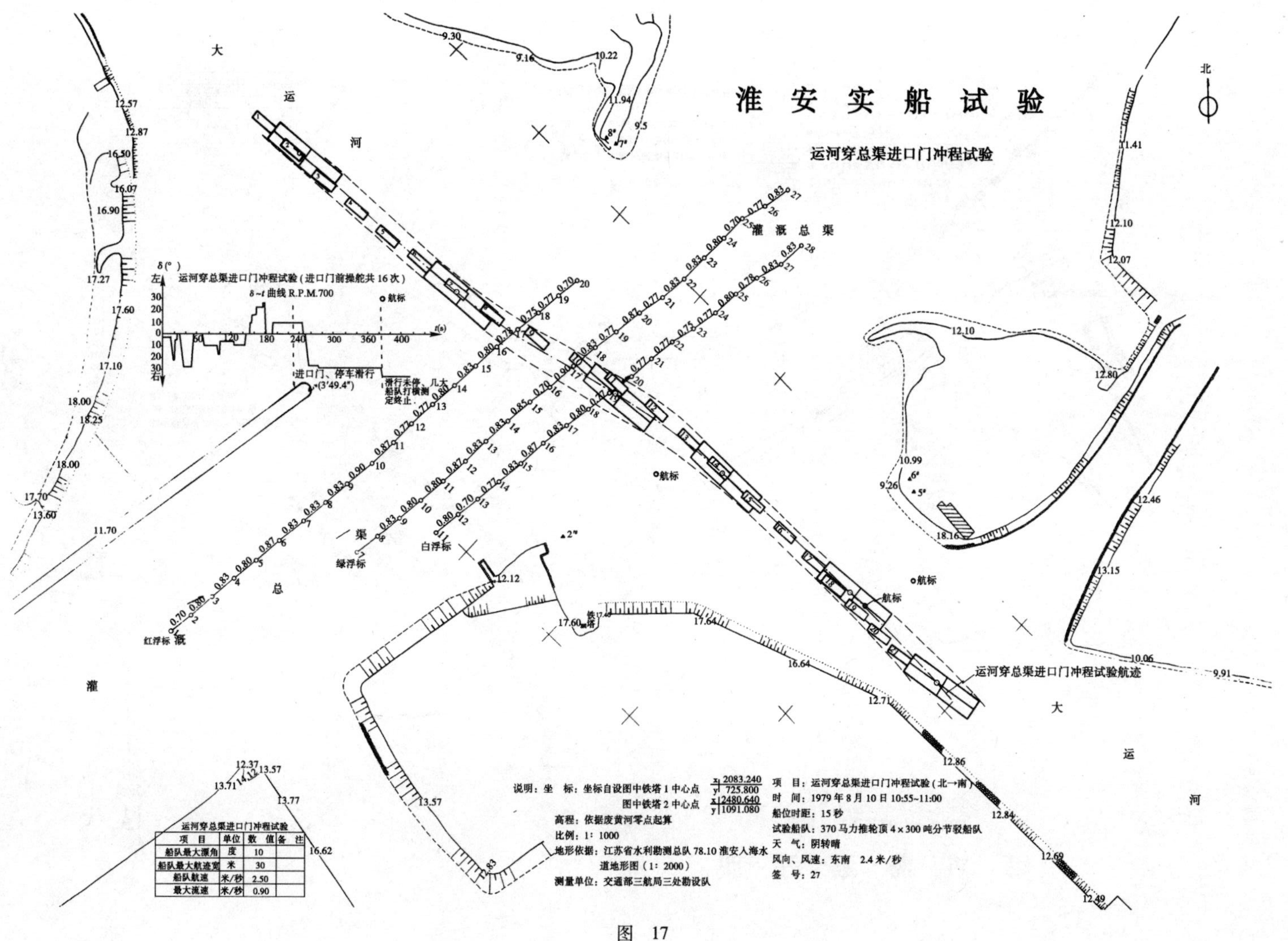

运河穿总渠进口门冲程试验

项　目	单位	数　值	备　注
船队最大漂角	度	10	
船队最大航迹宽	米	30	
船队航速	米/秒	2.50	
最大流速	米/秒	0.90	

图　17

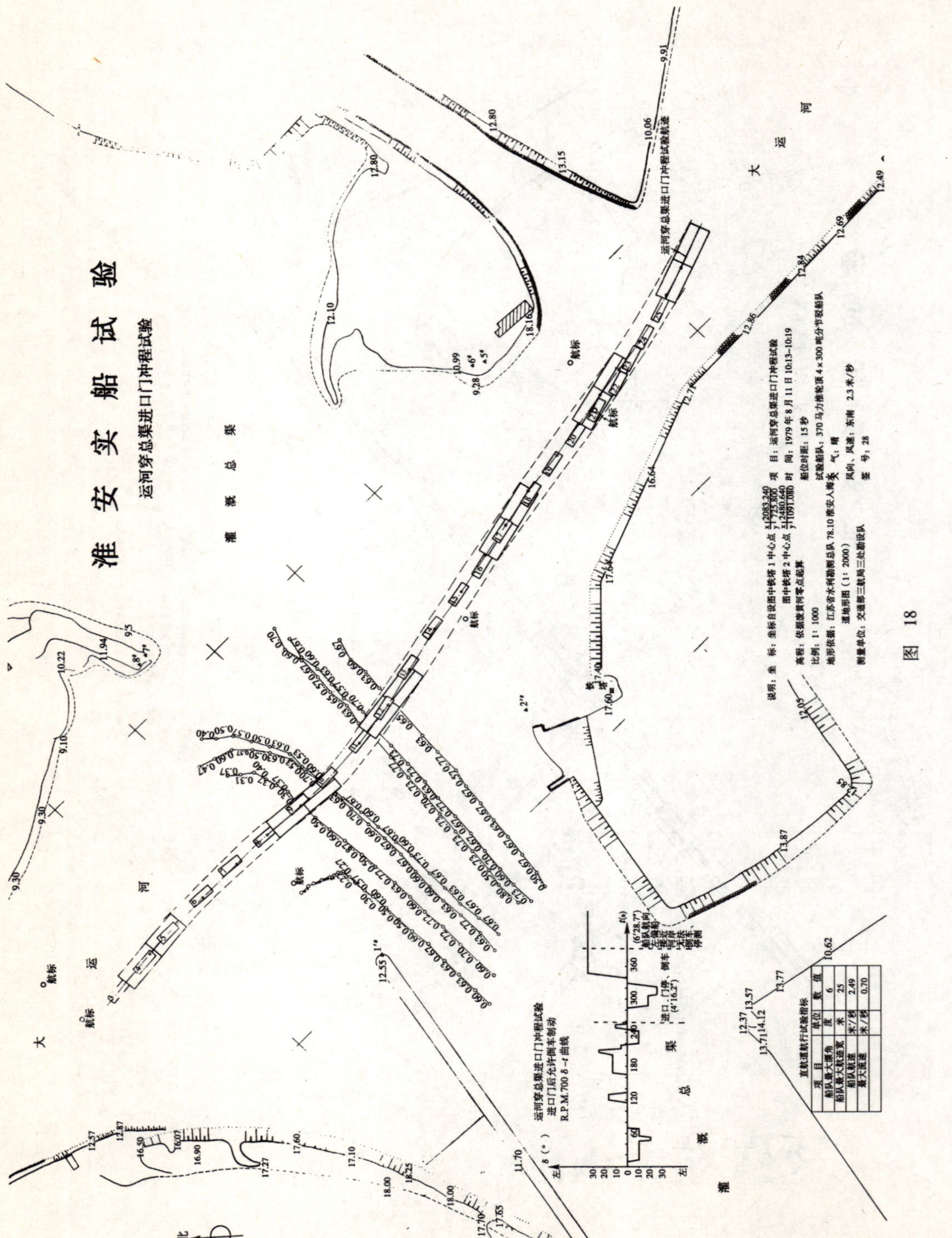

淮安实船试验

运河穿总渠进口门冲程试验

大运河

灌溉总渠

航标

运河穿总渠进口门冲程试验航迹

运河穿总渠进口门冲程试验
进口门后允许倒车制动
R.P.M.700 δ－t 曲线

δ（°）

左

t(s)

进口、门停、倒车（4′16.2″）

（6′28.7″）船队航向左偏船头接近河岸无法无倒车停测

直航道航行试验指标

项　目	单位	数　值
船队最大漂角	度	6
船队最大航迹宽	米	25
船队航速	米/秒	2.49
最大流速	米/秒	0.70

说明：坐　标：坐标自设图中铁塔 1 中心点 x 2083.240 / y 725.800

图中铁塔 2 中心点 x 2480.640 / y 1091.080

高程：依据废黄河零点起算

比例：1：1000

地形依据：江苏省水利勘测总队 78.10 淮安入海水道地形图（1：2000）

测量单位：交通部三航局三处勘设队

项　目：运河穿总渠进口门冲程试验

时　间：1979 年 8 月 11 日 10:13~10:19

船位时距：15 秒

试验船队：370 马力推轮顶 4×300 吨分节驳船队

天　气：晴

风向、风速：东南　2.3 米/秒

签　号：28

图　18

进口门冲程试验成果表

表 13

项目 组次	时　间	试验方式	初转速(r/min)	航行距离(m)	航行历时(s)	航速(m/s)	操舵次数(次)	流速(m/s)		弯曲半径(m)		航迹带宽(m)		最大漂角(°)	口门处航迹带宽(m)		冲程(m)		
								纵向	横向	最大	最小	本次	几次总宽		本次	几次总宽	实测段	计算段	合计
5	8月10日 10:04~10:13	转弯进口门冲程试验	700	558	213	2.62	29	0.71	0.42	243	60	78		28°	20	35	60	205	265
12	8月11日 9:22~9:30	转弯进口门冲程试验	700	619.5	210	2.95	13	0.70	0.33	414	221	60	78	20°	26	35	235	215	450
14	8月13日 8:31~8:39	转弯进口门冲程试验	660	749.6	285	2.63	19	0.86	0.40	245		55	78	27°	30	35	8	234	242
6	8月10日 10:55~11:00	直航道进口门冲程试验	700	575	230	2.50	20	0.30	0.85			29	48	10°	27	40	145	177	322
13	8月11日 10:13~10:19	直航道进口门冲程试验	700	610	245	2.49	17	0.13	0.69			28	48	6°	25	40	200	106	306
15	8月13日 9:36~9:44	直航道进口门冲程试验	左670 右690	722.3	310	2.33	22	0.19	0.72			31	48	8°	20	40	162		162

$$S = 0.075 \frac{WV_0^2}{R_0} \lg\left(\frac{V_0}{V}\right)$$

式中：S——惯性冲程(m)；

R_0——初速时船舶受到的阻力(t)；

V_0——初速(kn)；

W——排水量(t)；

V——终速(kn)。

用于本次试验补充计算，将上式改写为

$$S = K \frac{WV_0^2}{R_0} \lg\left(\frac{V_0}{V}\right)$$

式中：

系数 K，按各次实测的第一段冲程求出，再用求得的 K 值计算第二段冲程。

R_0 按本船队实船试验实测资料选用。

终速采用 $V=1$kn，即 $V=0.515$m/s。

补充计算结果列于表 13。

(2)停车倒车惯性冲程

$$S = 0.0135 \frac{WV_0^2}{A}$$

式中：A——后退推力(t)；

其余符号同前。

用于本次试验补充计算，将上式改写为：

$$S = K_1 \frac{WV_0^2}{A}$$

式中：

系数 K_1，按各次实测的第一段冲程求出，再用求得的 K_1 值，计算第二段冲程。

A 采用阻力的 70%。

补充计算结果列于表 13。

(四)拖带船队航迹观测

于 8 月 10 日、11 日和 13 日观测了 6 个由 50～100t 驳船组成的拖带船队由北往南穿越灌溉总渠横流进引航道口门的航迹，其中十三驳船队两个，十二驳船队一个，十一驳船队一个，八驳船队两个。驳船长 21～25.9m，宽 5m 左右。一个一拖十驳船队自运河由南向西转弯进灌溉总渠的航迹。各航次的航迹见图 19 和图 20，观测数据列于表 14。

表 14

编号(组次)	时　间	驳船数(艘)	航速(m/s)	横向流速(m/s)	航迹带宽(m)	偏离航线宽(m)	横漂速度(m/s)	备　注
38	8 月 10 日 11:30	12	1.5	0.8	113	130	0.94	
39	8 月 11 日 10:57～11:00	8	1.75	0.66	88	120	0.82	

续上表

编号（组次）	时　　间	驳船数（艘）	航速（m/s）	横向流速（m/s）	航迹带宽（m）	偏离航线宽（m）	横漂速度（m/s）	备　　注
	（第三船队）							
40	8月11日 10:57～11	13	2.0	0.66	96	120	0.71	
	（第一船队）							
41	8月13日9:51	13	2.05	0.6	95	110		
42	8月13日	4	1.41	0.6	55	65	0.5	
		10	2.07	0.8	45			自运河转弯进总渠
43	8月13日	11	1.58	0.5	100	110	0.6	

观测成果表明，拖带船队在横穿灌溉总渠横流时，船队在横流作用，急速下跨，偏向横流的下方，船队弯曲，航迹带宽达113m，偏离进口门处的航线位置达130m，一拖四驳船队的航迹带宽亦达55m。船队受到的横流愈大，航迹带愈宽，航迹偏离愈大。自运河由南向西转弯进灌溉总渠的船队其航迹带宽亦达45m。由于计划的口门外有长约250m水域的流速很小（基本为静水），当船队脱离横流区，有时间恢复原来的队形进入标定口门。

七、初步分析

（一）横向流速

横向流速是船闸通航水流条件的主要指标，是衡量船队（舶）能否安全进出引航道口门的标准之一，对工程布置和工程投资关系很大。其限值除了水流条件（一定的枢纽布置）本身外，还与引航道口门的布置、口门宽度、气象条件、船舶性能等有关。对横向流速的标准：国外一般限在0.2～0.3m/s。其中，苏联船闸设计规范规定在引航道中不大于0.25m/s，引航道与水库或河流的连接区段内不大于0.4m/s；美国则采用船模试验具体确定，要求能使模型船队在口门上游一定地点停机后顺水漂流自行进入口门；正在编制中的我国船闸设计规范（初稿）规定Ⅰ～Ⅳ级船闸不大于0.3m/s，Ⅴ～Ⅶ级船闸不大于0.25m/s。

这次试验时的横向流速在0.3～0.85m/s之间，虽然船队除两组试验限制操两次舵外，其他各组次均穿过了横流区，但偏离标定航线较宽，船队漂角和航迹带宽较大，不能按标定的航线进入口门。横穿总渠横流试验表明，船队在基本为静水的航区，基本上保持直线航行，漂角仅1°左右。当船队驶入流速为0.55～0.85m/s的横流区时，漂角急剧增大，达到10°，而且不断变化。为克服横流作用，达到横穿总渠的要求，船队采取了扬头迎流，“挂高取矮”的措施，在横流的作用下，船队发生明显的横向漂移，航迹带增宽到31～34m，为船宽的1.85倍，船队横向漂移速度与横向流速的关系见图21。在几次直航道进口门的试验中，虽然航道顺直，口门区的流速又很小，甚至趋近于零，但由于口门区前的航区的横向流速高达0.55～0.85m/s，船队在横流作用下偏离标定航线已达28～40m，在进口门时，偏离航线仍然较大，未能进入标定口门。而在转弯进口门的几次试验中，虽为弯航道，但其横向流速为0.33～0.4m/s，试验船队基本上循标进入口门。

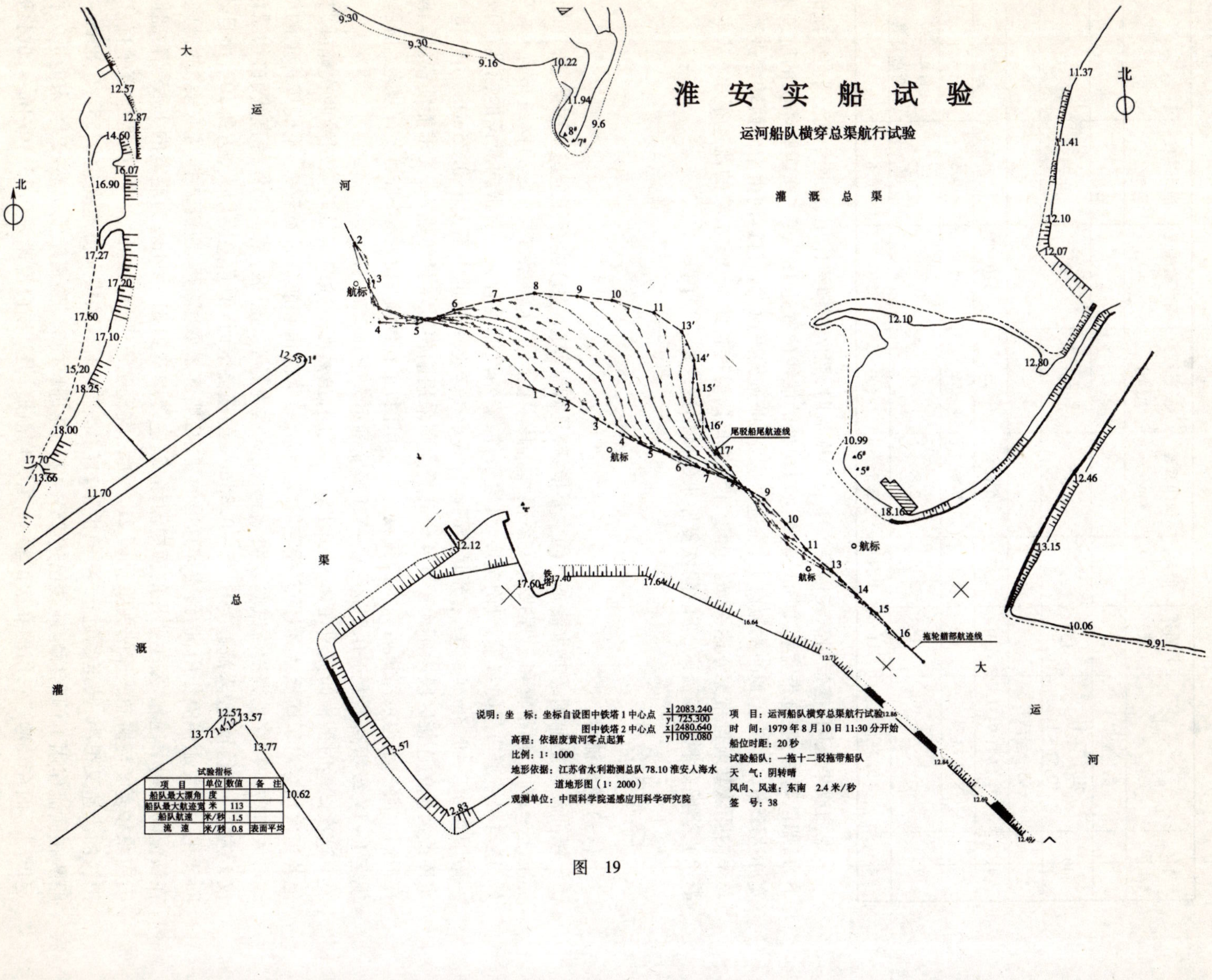
淮安实船试验
运河船队横穿总渠航行试验
灌溉总渠
大运河
灌溉总渠
大运河
北
航标
尾驳船尾航迹线
拖轮艏部航迹线
说明：坐标：坐标自设图中铁塔1中心点 x 2083.240 / y 725.300
图中铁塔2中心点 x 2480.640 / y 1091.080
高程：依据废黄河零点起算
比例：1：1000
地形依据：江苏省水利勘测总队 78.10 淮安入海水道地形图（1：2000）
观测单位：中国科学院遥感应用科学研究院
项　目：运河船队横穿总渠航行试验
时　间：1979年8月10日11:30分开始
船位时距：20秒
试验船队：一拖十二驳拖带船队
天　气：阴转晴
风向、风速：东南　2.4米/秒
签　号：38
试验指标

项　目	单位	数值	备　注
船队最大漂角	度		
船队最大航迹宽	米	113	
船队航速	米/秒	1.5	
流　速	米/秒	0.8	表面平均

图 19

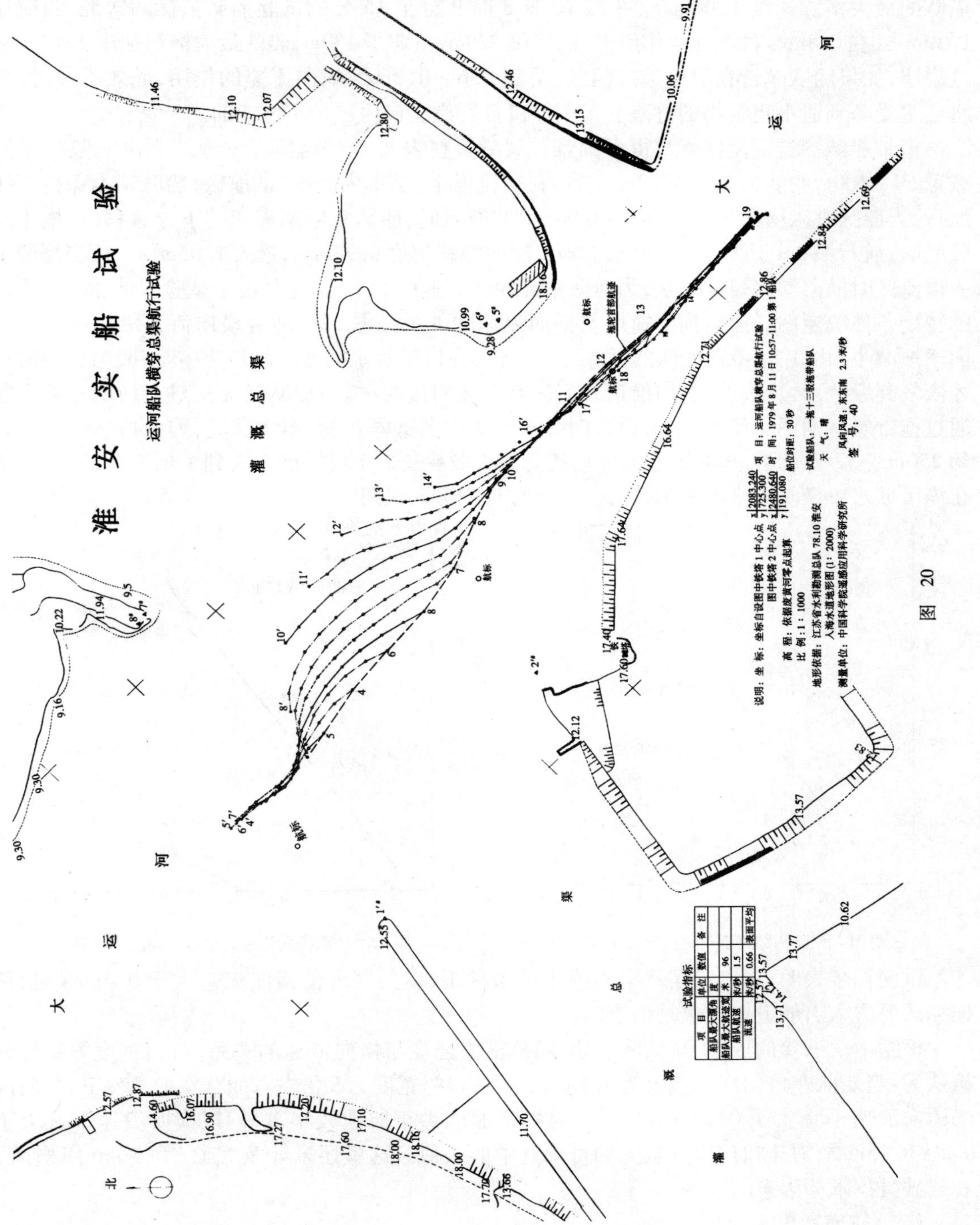

淮安实船试验

运河船队横穿总渠航行试验

试验指标

项目	单位	数值	备注
船队最大漂角	度		
船队最大航迹宽	米	96	
船队航速	米/秒	1.5	
流速	米/秒	0.66	表面平均

说明：坐　标：坐标自设图中铁塔 1 中心点 x 2083.240 y 725.300
图中铁塔 2 中心点 x 2480.640 y 191.080

高　程：依据废黄河零点起算

比　例：1：1000

地形依据：江苏省水利勘测总队 78.10 淮安入海水道地形图 (1：2000)

测量单位：中国科学院遥感应用科学研究所

项　目：运河船队横穿总渠航行试验

时　间：1979 年 8 月 11 日 10:57~11:00 第 1 船队

船位时距：30 秒

试验船队：一拖十三驳拖带船队

天　气：晴

风向风速：东东南　2.3 米/秒

签　号：40

图 20

若限制船队操舵，则能克服的横向流速更小，如8月10日9时20分至25分的试验，限制只操两次舵，当航速1.78m/s，在0.63m/s横向流速的作用下，航程仅166m，就下跨了150m，船队的最大横漂速度1.06m/s。8月10日8时9分至15分的试验船队只操两次舵，当航速1.39m/s，在0.8m/s的横向流作用下，航程仅228m，下跨了130m，船队最大横漂速度1.13m/s。这说明，如果船队航行在引航道口门区，受到0.6~0.8m/s横向流速的作用，舵效不灵时，就将会遭受跨到泄水建筑物的危险。采用停机自行漂进口门更是不可能的。

拖带船队穿过横流区就显得更困难。观测资料表明，拖带船队（一拖八至十三驳），单驳载重50~100t，船队长220~322m左右，在横流很小（基本为静水）的航区，船队基本保持直线航行，当船队进入横向流速为0.6~0.8m/s的航区时，船队急剧朝横流的下方漂移，一拖十二驳船队，航行190m，历时120s，横移113m，横向漂移速度0.94m/s，最大1.05m/s。而当尾驳进入横流区时横向漂移速度最快，为船队中部驳横漂速度的2倍，这是由于试验水域和船队长度的特定条件决定的。船队横漂速度与横向流速的关系见图22。随着横向流速沿船队前进方向逐渐减小（由0.8→0），船队的横漂速度减慢，在近于静水的水域航径4~6倍驳船长的航程才恢复到原队形，这表明，在引航道口门区有上述横流时，拖带船队是无法进口门的。而一般通过拖带船队的中小船闸，引航道口门是不可能达到这样宽的，本次试验，因为口区口前有长约250m一段缓流区（基本为静水区），约为最大驳船长的10倍，或2/3到1倍船队长度，船队在该区域才可恢复原来的队形，因此，才能按计划进入口门。

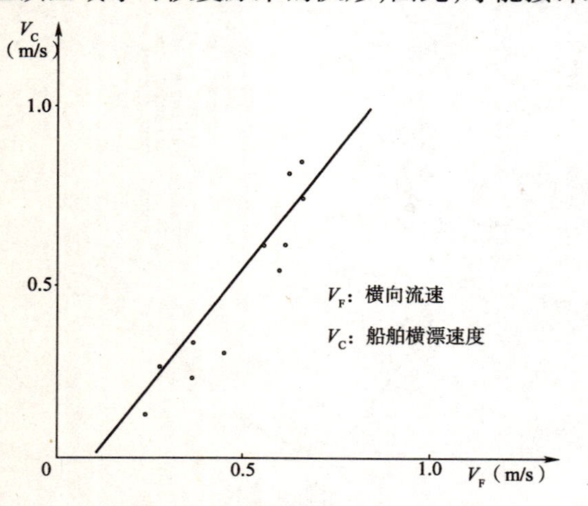

图21 船队横漂速度与横向流速的关系

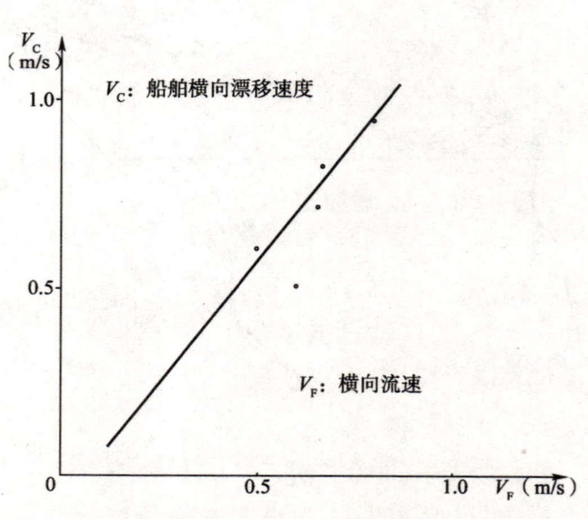

图22 船队横向漂移速度与横向流速关系

试验初步表明，在口门区基本为静水的条件下，口门区外的横向流速大于0.4m/s时，顶推船队要进入引航道口门也是困难的。

根据本次试验的成果，从船队航速、船队横漂速度与横向流速的关系，口门宽度等条件分析认为：当船队在口门区的航速为2.5m/s左右，口门宽度为5倍左右船队宽的条件下，口门区的横向流速不宜大于0.25~0.3m/s；对拖带船队由于航速较小，口门区横向流速不宜大于0.2~0.25m/s；对于口门宽度较大的可取其中的大值。这里还未计及气象（为5~6级横风）和驾驶员技术等因素的影响。

（二）航道宽度

船舶在航行中所需的航宽总是比船队（舶）本身要宽。其所需航宽与水流条件、航道边界

条件、气象条件、船舶性能和驾驶员的技术水平有关。而这些因素是经常在变化的，不能要求驾驶员在运动的船体上，用不变的曲率半径和偏角做最佳的航迹线，得出最佳的航宽。因此，确定航宽时，应考虑因素最不利的情况。

1. 引航道口门宽度

从三次转弯进口门的试验表明，当口门区基本为静水，口门区以外的横向流速为0.33～0.4m/s的条件下，船队较正常地进入口门时，航迹带宽度计算，则需要的口门宽为96.8m，为5.26倍船队宽（试验时风速很小）。如口门区有0.3～0.4m/s的横向流速，则口门宽应不小于6倍船队宽。若在这种条件下，同时有5～6级横风时，则口门还要适当加宽。

2. 弯航道宽度

弯航道试验表明，弯航道宽度与水流条件、弯曲半径等因素有关。当横向流速为0.4m/s，航迹带宽65m，为本次试验直航段航迹带的2.5倍，漂角33°。按此测算单线航行弯曲航道宽度为83.4m（表15），为本试验直航段航道的1.88倍。

表15

序号	航速（m/s）	弯曲半径（m）	航迹带宽（m）	单线弯航道宽（m）	备　注
1	3.4	550	46	64.8	
2	3.06	197	65	83.4	
7	3.2	257	55	73.4	
5	3.5	243	60	78.4	
8	2.4	346	57	75.4	

由此，得弯航道加宽值

$$\Delta B = 1.06\frac{L_c^2}{R}$$

由于本试验是只试了下水转弯，而船队下水航行时航迹带宽要大于上水航迹带宽，故上述弯道加宽式不适应于双线航道弯道加宽。

（三）冲程

冲程即船队停车后的惯性滑行距离。其长度与停车前的航速、船舶性能等有关，而航速又视水流条件而定，船队为克服水流条件必须有相应的航速，才能达到安全进口门的目的。当引航道口门区有纵、横流速时，引航道必须有满足船队冲程的相应长度。在六次冲程试验中，停车滑行三次，冲程为265～450m，为船队长度的2.9～4.9倍；倒车滑行三次，冲程为162～306m，为船队长度的1.76～3.3倍。

《船闸设计规范》总体篇淮安船闸实船过闸试验报告

涂启明

（教授级高级工程师）

一、试验目的

研究船闸富余长度和引航道尺度。

二、试验船闸

京杭运河苏北段淮安船闸（图1）。

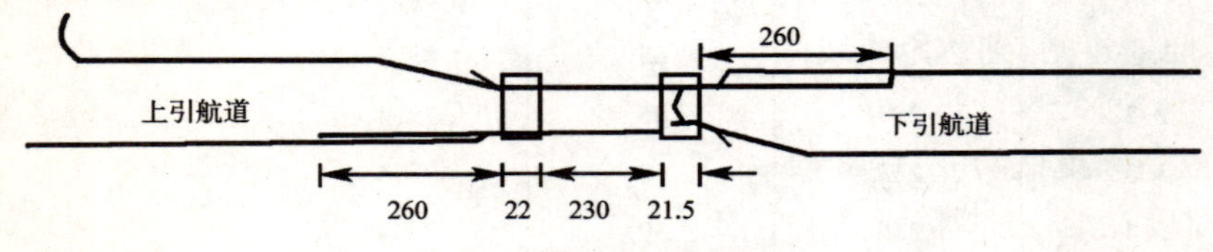

图1　淮安船闸示意图

闸室有效尺度（m）：230×20×5

引航道直线段长 >800m，底宽 70m。

三、试验日期及气象

1979 年 8 月 12 日上午

天气：晴，风向：南，风速 0.8～2.2m/s

1979 年 8 月 15 日下午

天气：晴，风向：偏南，风速：约 2m/s

四、试验船队

试验船队由江西赣推 0301 轮正顶 4 艘长江中下游干一支直达 300t 半分节驳组成。队形和主要尺度见图 2 和表 1。

0301 船队尺度及主要参数表　　表 1

	总长（m）	总宽（m）	吃水（m）	型深（m）	载重量（t）	功率（马力）
推轮	21.6	7.6	1.62	1.9	—	370
驳船	35.17	9.2	1.4	1.85	350	—
船队	92.0	18.4	1.62		1400	370

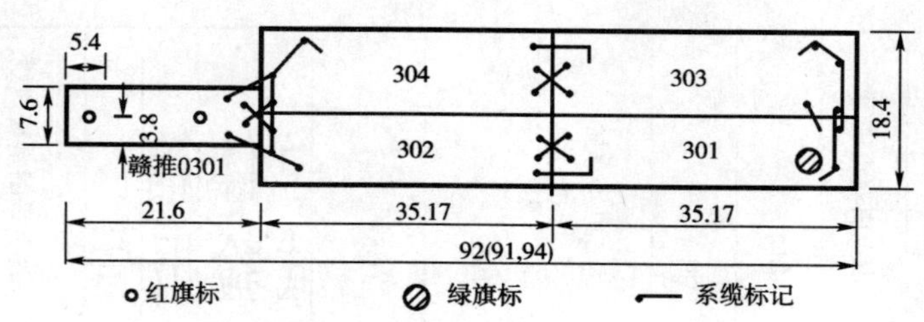

图2　0301 船队编组图

推轮固定建筑物顶距轻载水线高度 7.5m。

赣推 0301 轮为新设计的长江中下游干—支直达推轮，它采用了导流管、襟叶舵、倒车舵、液压舵机等先进技术，推进、推操等性能均较我国原有的内河拖轮有较大提高。

五、试验内容

试验研究船闸闸室富余长度和引航道尺度，其中主要是引航道内调顺段的长度（即 l_2 的长度）。

（一）闸室富余长度试验

由于淮安船闸闸室长远大于船队长度，故采用设标标出假定的闸室长度 105m，按单向和双向运行试验，船队停在引航道距闸首 50m 和 230m 的位置，作好准备后船队从停靠位置启动开航，按规定航速进闸，到达警戒线停车，量测船队越过警戒线的冲程，即富余长度，同时测定船队过闸速度。

（二）引航道尺度试验

引航道尺度在淮安船闸上游引航道进行，主要试验研究双向过闸时，船队曲线出闸调顺让段的长度。试验布置如图 3 所示，将引航道分为三段：

导航段：$l_1 = L_c$

调顺让段：$l_2 = 1.5L_c$

停泊段：$l_3 = L_c$

式中：L_c——船队长度。

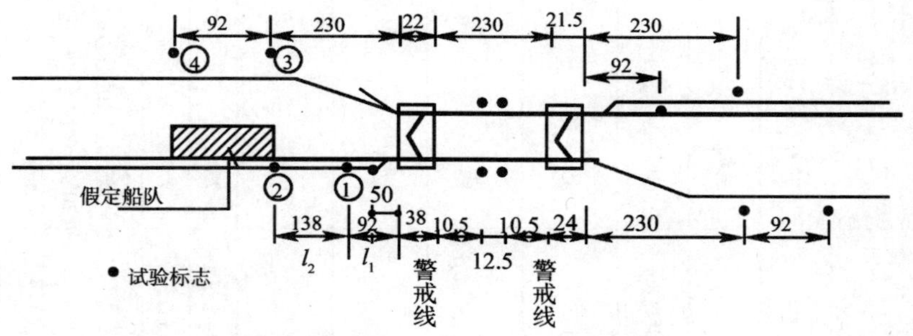

图3　淮安船闸试验标志布置图

调顺段假定有停靠等待进闸的船队，其尺度与试验船队同。

试验方式：

（1）船队曲线出闸，在船队尾驶出船闸后，船队即向右转弯避让，待船艏平标③时，船队再向左转弯调顺直与引航道轴线平行，船尾过标④后试验结束。

表 2

闸室富余长度试验分析数据表

项目＼组次	I	II	III	IV	V
日期	8 月 12 日上午	8 月 12 日上午	8 月 15 日下午	8 月 15 日下午	8 月 15 日下午
航行方向	由上引航道进闸	由下引航道进闸	由上引航道进闸	由下引航道进闸	由上引航道进闸
过闸方式	单向	双向	单向	双向	单向
船队起始位置至闸首距离(m)	60	230	50	230	50
初转速(r/min)	550～520	550～500	左 570,右 540 1′30″后左 700,右 650	左 500,右 680	左 520,右 550
航行距离(m)	203	①254 ②105	245.6	①254 ②102	193
航行历时	4′23″	①4′40″ ②4′13″	4′25″	①3′30″ ②1′30″	4′0″
平均航速(m/s)	0.8	①0.9 ②0.23	0.93	①1.2 ②1.13	0.8
操舵次数(次)	23	38	频繁无法记录		
滑行距离(冲程)(m)	7.3	7.0	52.6	至停船标尚差 3.2	7.2
说明	航行 3′10″后双停车,20″后双倒车,转速 750 r/min	105 为模拟的闸室长	进闸为常车	船首平闸室警戒线,双停车	船首平闸室警戒线,双停,转速 750r/min
附图	图 4	图 5		图 6	图 7

(2)船队曲线进闸,船队从上游开航,待船首平标②和标③时,船队向左转弯,待船尾过标②和标③后,再左转调顺航向,平导航墙停靠,船首距上闸首 50m。上述试验在引航道两岸用四台经纬仪交会测量航迹线。

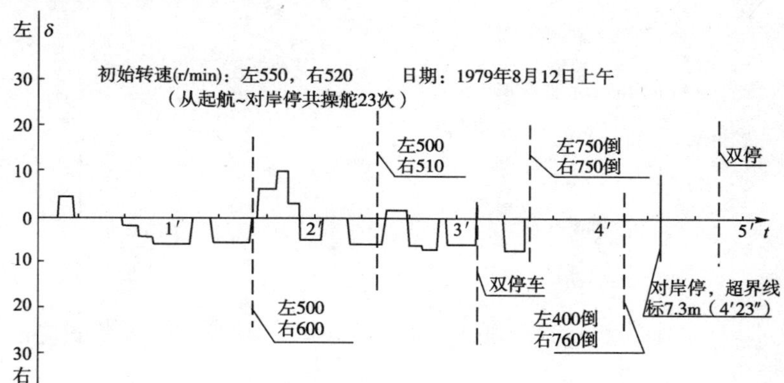

图4　$\delta \sim t$ 曲线及转速变化图

六、试验情况和结果

(一)闸室富余长度试验

共试验 5 次,8 月 12 日上午两次,8 月 15 日下午三次,试验结果列于表 2。

表中第 III 组试验时,船队进闸航速快,故滑行距离长达 52.6m,表中平均航速 0.93m/s,是计入了滑行距离。

(二)引航道尺度试验

为试验研究双向过闸时引航道调顺段的长度(l_2),共试验两次。

第一次:8 月 12 日上午,试验船队由上引航道曲线进闸,船队首平标②和标③即向右转;

第二次:8 月 15 日下午,试验船队出闸驶向上游引航道,按曲线出闸运行,在船队尾驶离上闸首,即船队首平标①(图 3)后即向右转,避让停靠在双向过闸码头的船队,船队首平标③后,即向左转。

两次试验结果列于表 3。$\delta \sim t$ 曲线见图 8。

引航道试验分析数据表　　表 3

序号	组次 / 项目	I	II	备　注
1	日期	8 月 12 日上午	8 月 15 日下午	
2	运行方式	曲线进闸	曲线出闸	
3	最大航迹带宽(m)	25	33	
4	船队最大漂角(°)	11.3	9	
5	船队平均航速(m/s)		1.84	II 组试验航行 4′15″,航程 470m
6	弯曲半径 R_1(m)		290	
7	弯曲半径 R_2(m)		296	
8	导航段长度 l_1(m)	89	87	
9	调顺段长 l_2(m)	128	211.6	
10	最小船距(m)	11 ~ 12	10	假定,因为试验时没有船
11	最小岸距(m)	32	11.5	

左
δ
初始转速 (r/min)：右 550, 左 500　日期：1978 年 8 月 12 日上午
（自起航～对岸停共操舵 38 次）　注：所用秒表启动迟 3″
30
20
10
0
10
20
30
右
t
1′
2′
3′
4′
5′
6′
7′
8′
9′
10′
双 500
双停
左 450
左 500
左停
右 500
双停
左停
右 470
双停
船首到警戒线
双停车（4′40″）
左 520 倒
右 700 倒
左 480 倒
右停
左 480 倒
右 530 顺
左 480 倒
右停
左 480 倒
右 500 顺
左 450 倒
右 600 倒
左 450 倒
右停
双停
双岸停止，距界限标 7m（8′53″）

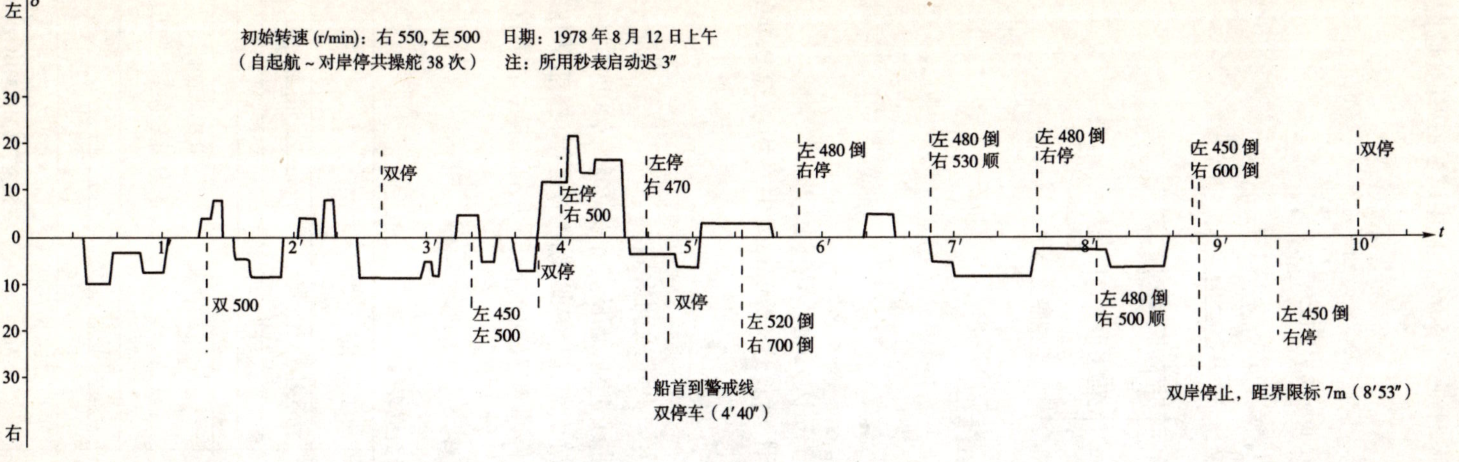

图 5　距下闸首 230m 起航进闸速度冲程试验

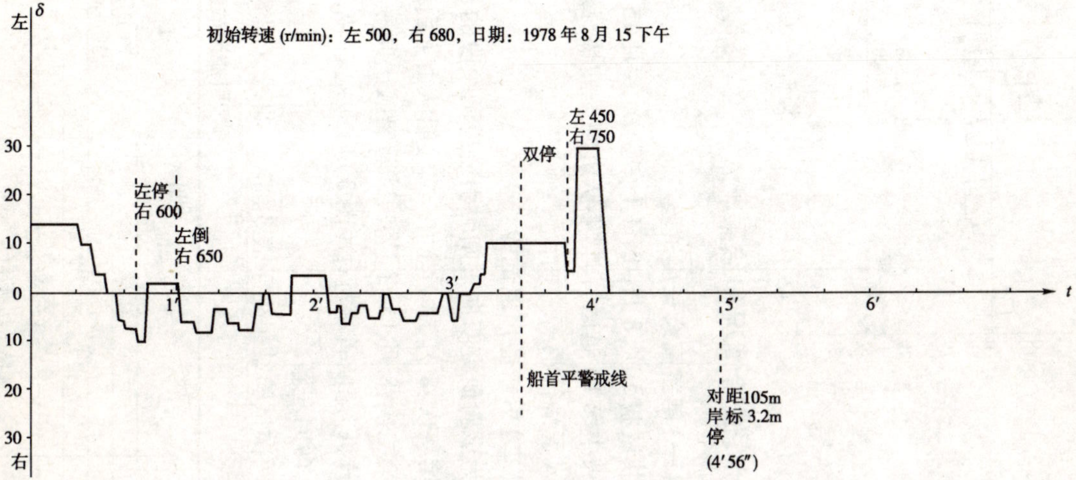

左
δ
初始转速 (r/min)：左 500，右 680，日期：1978 年 8 月 15 下午
30
20
10
0
10
20
30
右
t
1′
2′
3′
4′
5′
6′
左停
右 600
左倒
右 650
双停
左 450
右 750
船首平警戒线
对距105m
岸标 3.2m
停
(4′56″)

图 6　距下闸首 230m 进闸

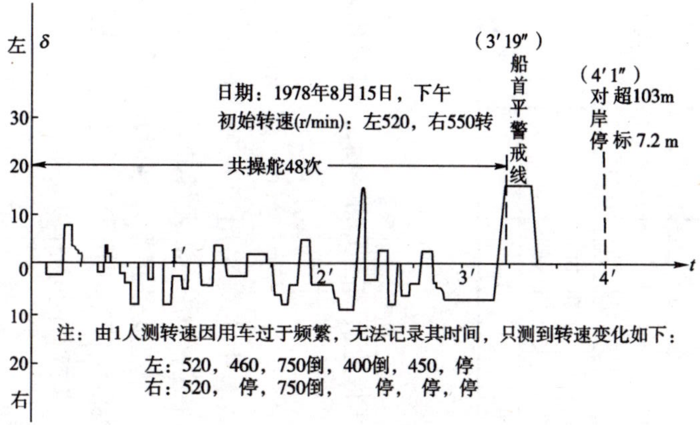

日期：1978年8月15日，下午
初始转速(r/min)：左520，右550转
共操舵48次
（3′19″）船首平警戒线
（4′1″）对岸停标 超103m 7.2 m
注：由1人测转速因用车过于频繁，无法记录其时间，只测到转速变化如下：
左：520，460，750倒，400倒，450，停
右：520，　停，750倒，　　停，　停，停

图 7　上导墙(50 米)起航进闸试验

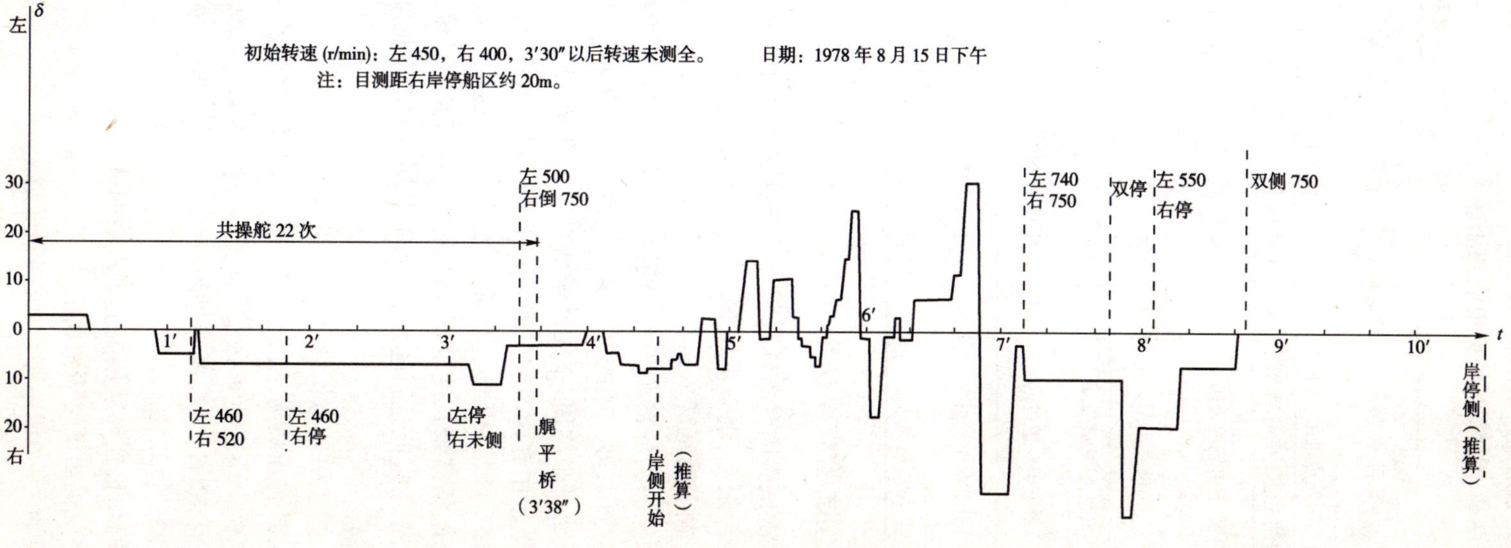

初始转速 (r/min)：左 450，右 400，3′30″以后转速未测全。　　日期：1978 年 8 月 15 日下午
注：目测距右岸停船区约 20m。

共操舵 22 次
左 460 右 520
左 460 右停
左停 右未侧
舰平桥（3′38″）
左 500 右倒 750
岸侧开始（推算）
左 740 右 750
双停
左 550 右停
双侧 750
岸停侧（推算）

图 8　出闸及上游引航道航迹测定

(三)船队进、出闸速度测定

船队进、出闸速度实测值列于表4。

船队进、出闸速度实测表　　表4

序号	项目名称	组次	日　期	航行距离(m)	历　时	平均速度(m/s)	操舵次数(次)	附图号
1	由上引航道进闸(单向)	I	8月12日上午	203	4′23″	0.8	23	图5
2	由闸室经下引航道出闸	I	8月12日上午		4′22″	0.89		图9
3	由下引航道进闸	II	8月12日上午	①254 ②105	①4′40″ ②4′13″	①0.9 ②0.23	38	图6
4	由闸室出闸	II	8月12日上午	①148.5 ②230	①4′38″ ②5′27″	①0.53 ②0.7		图10
5	由上引航道进闸	III	8月15日下午	245.6	4′25″	0.93		
6	由下引航道进闸	VI	8月15日下午	①254 ②102	①3′30″ ②1′30″	①1.2 ②1.13		图7
7	由闸室往上出闸	IV	8月15日下午	①237 ②470	①3′38″ ②4′15″	②1.14 ①1.84		图8
8	由上引航道进闸	V	8月15日下午	193	4′0″	0.8		图4

七、试验成果初步分析

这次试验因受条件限制,试验次数少,而且8月12日试验为预试性质的。因此,试验成果有一定局限性,现分析如下:

1.关于闸室富余长度

闸室所需的富余长度与船队的进闸速度密切相关,试验中主要采用了两种进闸速度。①慢速进闸,即一般的过闸运行速度;②快速进闸,即船队在航行中正常运行的速度(表2III组的航速是平均值,不能反映试验的全部情况)。显然第②种速度是正常过闸时所不会采用的,这里采用这种速度试验是为了研究两者的差别程度。试验结果表明,采用快速过闸,要求闸室 的富余长度很长,两者相差7.5倍。这说明船闸在正常运行时是不能采用快速进闸的,在研究闸室富余长度也不能以快速进闸所需的长度为依据。

按正常过闸运行速度,船队所需闸室的富余长度为7.3m左右,为船队长的1.9%,是可以参考的。

2.关于引航道长度:调顺段的长度 l_2

根据航迹观测,船队曲线出闸,8月15日试验,调顺段的长度211.6m,为船队长的2.3倍。弯曲半径290~296m为船队长的3.15~3.2倍。航迹带宽33m,为船队宽的1.79倍。

8月12日试验,曲线进闸时,l_2 段长度128m,为船队长的1.39倍。航迹带宽25m,为船队宽的1.36倍。

试验时,在船队尾离上闸首后船队首向右转循曲线运行,船队首多次碰实体导墙,不易离开。这就提出了是否要将实体导墙向后平移一个距离的问题,以便顶推船队出闸后能迅速离开导航墙,转弯错船避让,驶离引航道。

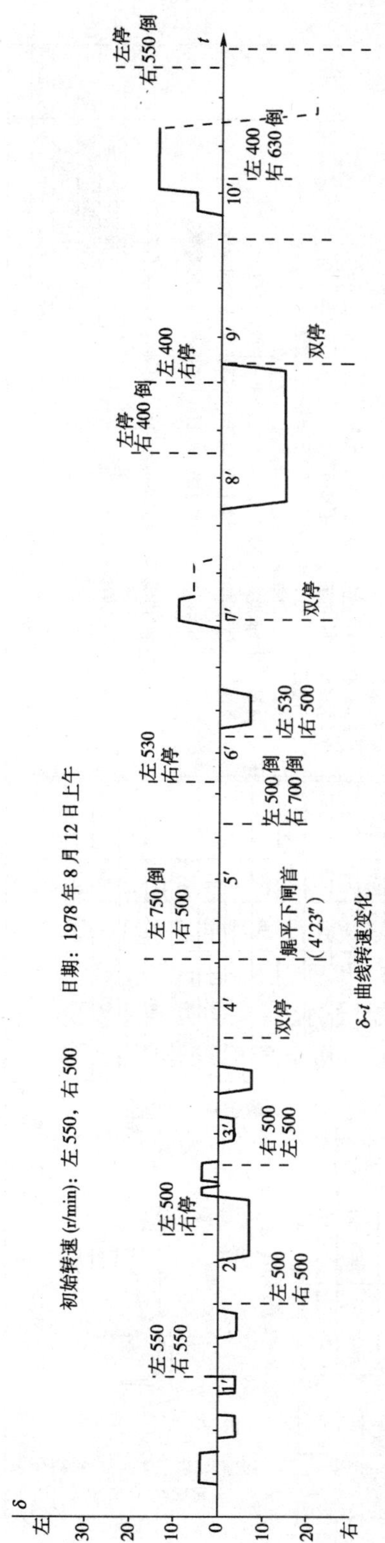

δ~t 曲线转速变化

图 9　出闸时间(起动～船尾平下闸首)试验

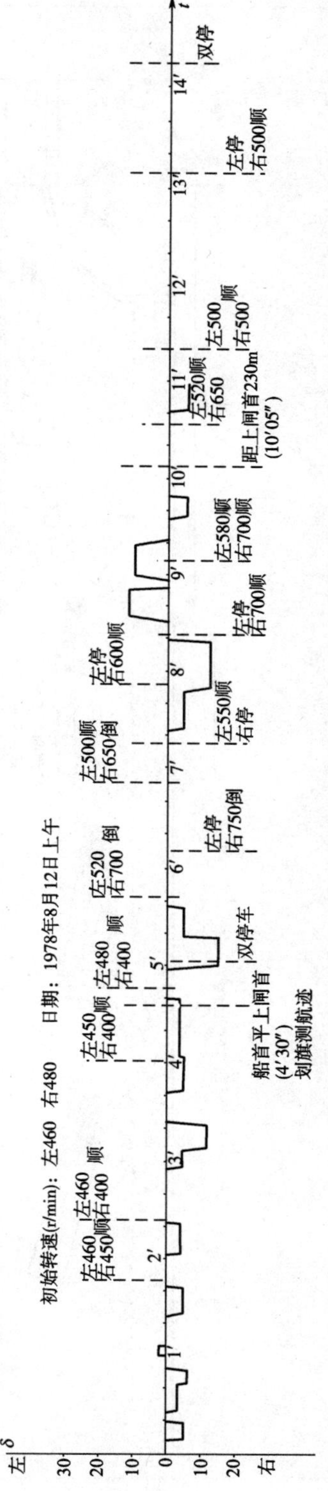

图 10　出闸时间：上引航道与停靠船队会让试验

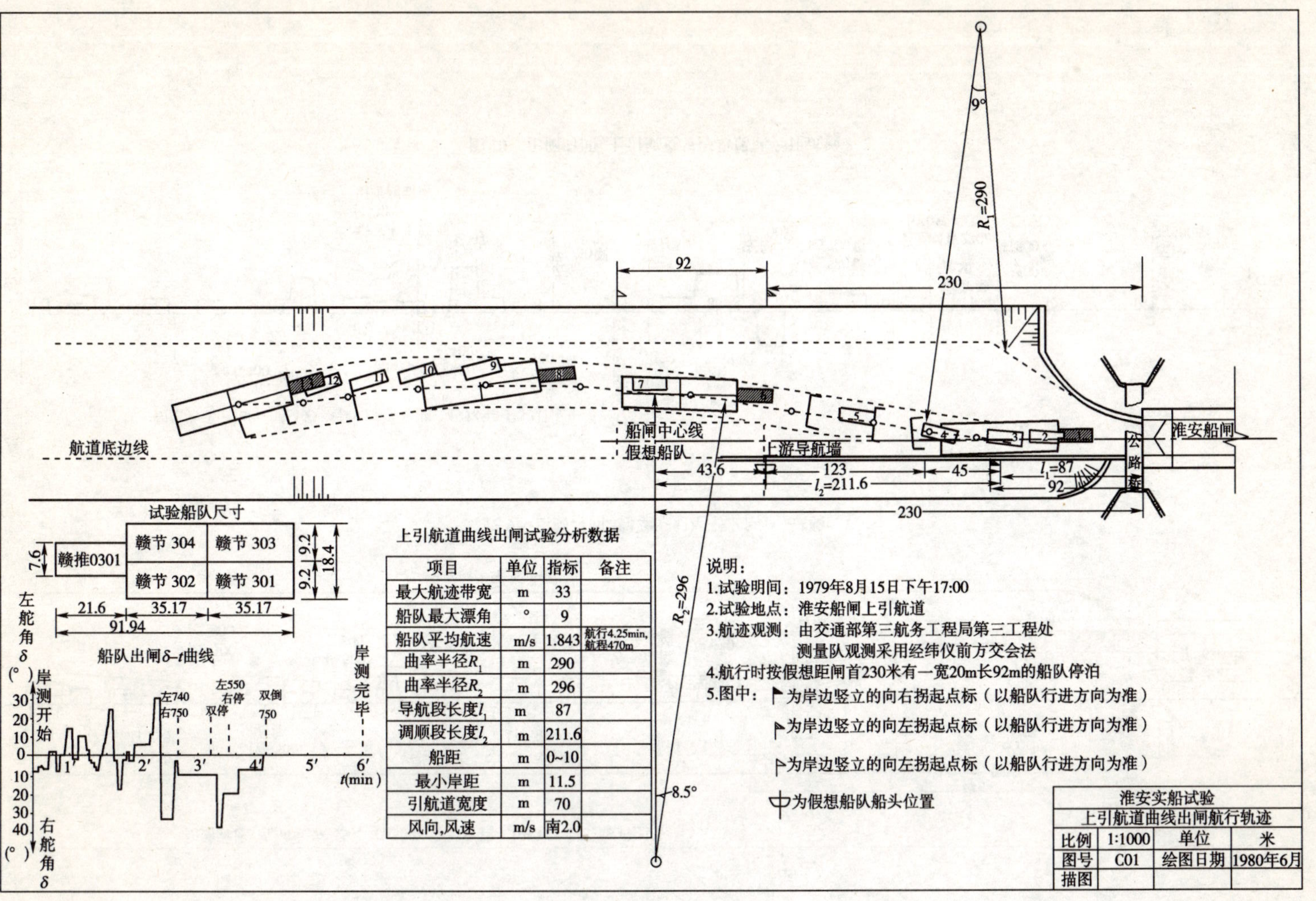

上引航道曲线出闸试验分析数据

项目	单位	指标	备注
最大航迹带宽	m	33	
船队最大漂角	°	9	
船队平均航速	m/s	1.843	航行4.25min，航程470m
曲率半径R_1	m	290	
曲率半径R_2	m	296	
导航段长度l_1	m	87	
调顺段长度l_2	m	211.6	
船距	m	0~10	
最小岸距	m	11.5	
引航道宽度	m	70	
风向，风速	m/s	南2.0	

图 11　船闸引航道尺度试验

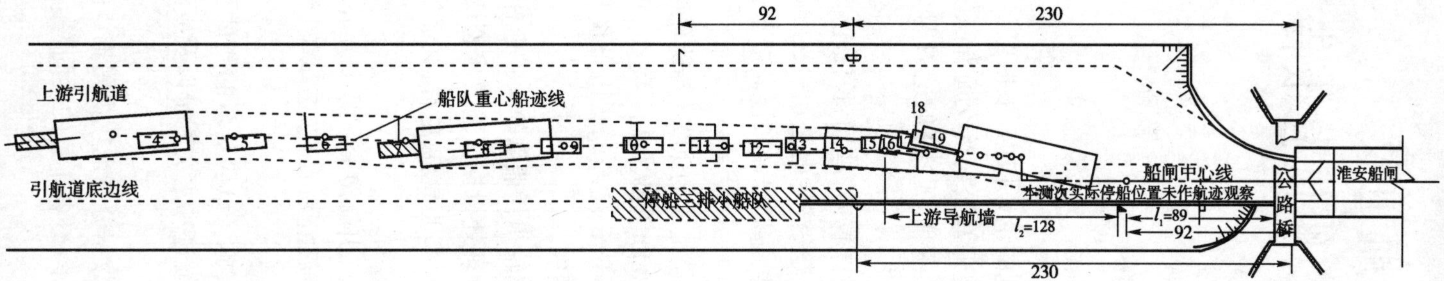

92　230

上游引航道

船队重心船迹线

18

19

船闸中心线

淮安船闸

本测次实际停船位置未作航迹观察

引航道底边线

停船三排小船队

上游导航墙

l_2=128

l_1=89

92

公路桥

230

试验船队尺寸

赣推0301	赣节 304	赣节 303
	赣节 302	赣节 301

7.6　9.2　9.2　18.4

21.6　35.17　35.17

91.94

上引船道曲线进闸试验分析数据

项目	单位	指标	备注
最大航迹宽	m	2.5	
船队最大漂角	°	11.3	
导航段长度l_1	m	89.0	
调顺段长度l_2	m	128.0	同上
船距	m	11~12	
最小岸距	m	32	
引航道底宽	m	70	
风向、风速	m/s	东东南1.0	

说明：

1.试验时间：1979年8月12日 上午8:30~8:50

2.试验地点：淮安船闸上引航道

3.船迹观测：由交通部第三航务工程局第三工程处测量队观测

4.航行时距上闸首230m处停靠三排小船队

5.图中：中为岸边竖立的错船避让段起点标

为岸边竖立的错船避让段终点标

为岸边竖立的开始进入错船停泊起点标

为岸边竖立的单向进闸船舶起点标

淮安实船试验			
上引航道曲线进闸航行轨迹			
比例	1:1000	单位	米
绘图日期	1980年6月	图号	C 02

图 12　船闸引航道尺度试验

三峡工程船闸引航道及坝上下游航道尺度的实船试验报告

夏文成

（教授级高级工程师）

前言

为了取得三峡工程船闸引航道及坝上、下航道尺度的论证依据，根据“三峡工程重大科技项目合同”编号5课题的要求，长江航务管理局、长江轮船总公司受交通部三峡水利枢纽通航领导小组办公室的委托，于1986年3月27日至30日在葛洲坝三江航道、2号船闸以及石牌弯道，进行了万吨级船队的实船试验。

参加试验的有国家科委三峡办、交通部三峡办、长江航务管理局、长江轮船总公司、长江航道局、葛洲坝船闸管理处、长航科研所、宜昌港务局、重庆长江轮船公司、长江航道局宜昌分局、宜昌航政分局等单位。由国家科委三峡办、部三峡办、长航局以及长江轮船总公司有关单位的负责人和专家组成领导小组，现场领导整个试验工作。

试验船队为一艘2640马力推轮顶推9艘1000t驳船组成的9000t船队（实际载重8719t），以及一艘2640马力推轮顶推6艘1000t驳船组成的6000t船队（实际载重6469t）。9驳船队总长264.2m，宽32.4m；6驳船队总长196.55m，宽31.5m。试验船队由重庆长江轮船公司调集，并由该公司的副总船长操纵，推轮船长协助，二副操舵。

为保证实船试验顺利进行，宜昌港两艘800马力拖轮担任船队掉头护航作业；宜昌航政分局7艘监督艇负责水域安全和交通管制；葛洲坝船闸管理处根据试验要求密切配合。

试验选在葛洲坝三江航道口门区流速小，长江流量4300m^3/s左右，又经过枯水期挖泥清淤，引航道及气候等安全保障条件均较好的白天进行。

试验内容包括：在葛洲坝三江上游引航道会船试验；引航道直线段长度试验；船队过闸试验；船队进上游引航道口门倒车制动冲程试验；下游引航道及口门航态试验；船队航经石牌航道所需弯曲半径及航宽试验等。

试验计划由长江航运科研所提出，经上级审定后实施。试验船队的测试及试验数据的整理、试验分析报告由长江航运科研所承担；试验船队的航迹和水文测量以及成图工作由长江航道局宜昌分局承担。

这次实船试验，其试验项目的操纵测试难度较高，数据分析也较为困难。但由于准备工作比较充分，试验安排比较周密，在试验领导小组的领导下，经各单位的共同努力，如期完成了试验实施计划所提出的各项要求。

长江航运科研所于1986年6月提出了“三峡工程船闸引航道尺度及坝上、下航道尺度实

船试验分析报告”。1986 年 6 月 30 日至 7 月 2 日，长航局和长江轮船总公司组织有关单位对报告进行了初步审议。在“实船试验分析报告”和初审意见的基础上编写了本报告，并经交通部三峡航运工程办公室主持，于 1986 年 11 月组织有关单位专家评审定稿。

一、试验条件

（一）船队组成

参加试验的有长江 02021 九驳船队和长江 02019 六驳船队。船队队形及平面尺度见图 1 和图 2，船队配载、浮态等有关参数见表 1、表 2。

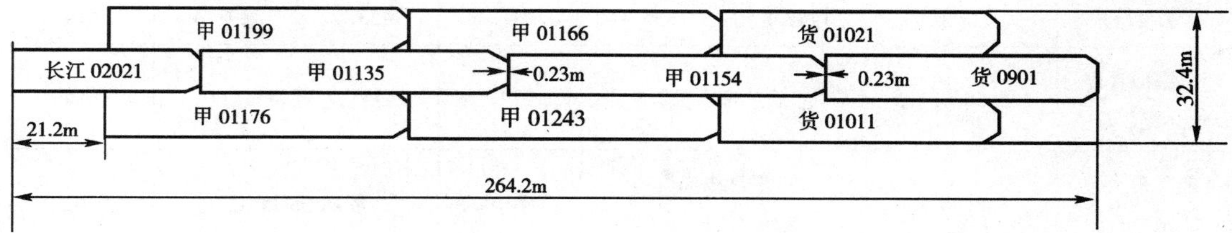

图 1　九驳船队的队形及平面尺度

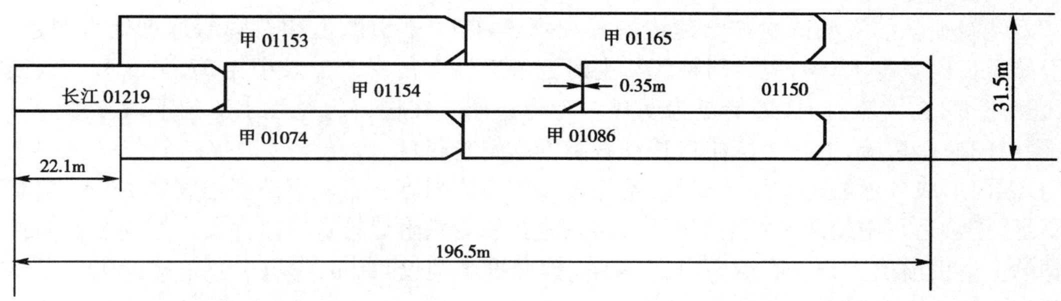

图 2　六驳船队的队形及平面尺度

九驳船队有关参数　　表 1

轮驳名称（位置）	长江 02021	甲 01199（后左）	甲 01166（中左）	甲 01135（后中）	甲 01154（中中）	甲 01176（后右）	甲 01243（中右）	货 01021（首左）	货 0901（首中）	货 01011（首右）
$L \times B \times H$ (m)	46×10×3.5	75×10.5×3.5	同左	同左	同左	同左	同左	67.5×10.8×3.5	同左	同左
平均吃水（m）	2.67	2.37	2.24	2.30	2.16	2.30	2.23	2.28	2.2	2.25
载货量(t)		1100	1009	1005	950	1100	1002	900	1009	900
排水量(t)	711	1447	1367.7	1404.3	1318.8	1404.3	1361.5	1311	1183	1294
船队平面尺度 长×宽(m)	264.2×32.4		船队总排水量(t)		12802		船队总载货量(t)		8719	
船队最大吃水(m)	2.80		船队纵向浸水面积(m^2)		610.9		船队舵面积比		0.0149	

六驳船队有关参数 表2

轮驳名称（位置）	长江02019	甲01165（前左）	甲01150（前中）	甲01086（前右）	甲01153（后左）	甲01143（后中）	甲01074（后中）
$L \times B \times H$（m）	46×10×3.5	75×10.5×3.5	同左	同左	同左	同左	同左
平均吃水（m）	2.67	2.37	2.27	2.36	2.38	2.36	2.36
载货量（t）		1100	1050	1100	1100	1019	1100
排水量（t）	711.0	1447.5	1386.4	1441.4	1453.6	1441.4	1414.4
船队平面尺度长×宽（m）	196.55×31.5	船队总排水量（t）		9322.7	船队总载货量（t）		6469
船队最大吃水（m）	2.80	船队纵向浸水面积（m²）		476.4	船队舵面积比		0.0191

（二）试验水域简要情况

万吨级船队的实船试验在已建成的葛洲坝三江上、下引航道和石牌弯道三处水域进行。下引航道口门宽度150m，但口门轴线与主河道来流的夹角视流量大小为37.5°~42°，致使横向流速过大，在大流量时，影响更为明显。为防止船队在进口门过程中船位下滑导致操纵失控、困口门左岸边滩，上行船队需自长江右岸逐渐斜越过江，大角度转向提高船位并分中进入口门，因而形成S形航迹和反向操舵，给驾驶操作造成困难。三江下游引道底宽120m，由于宽度不足，正常运行中船队不能迎向对驶，而只能在靠船墩附近较宽航段等会。迎向会船安排在较宽的上游引航道进行。石牌弯道宽345m，但曲度半径仅780m，弯道中心角接近90°，是将来两坝间在较大流量时大型船队下行较困难的航段。

试验水域概况见表3。

试 验 水 域 概 况 表3

	项目	数值
三江下引航道	口门宽度（m）	150
	引航道口门轴线与河道主流轴线交角	37.5°~42°（根据流量变化）
	口门区弯曲半径（m）	1050
	引航道宽度（m）	120
	六驳船队泊位航宽（m）	130
	靠船墩上端到下闸门距离（m）	600
	#2 船闸靠船墩与船闸轴线交角	12°
	#2 船闸下引航道直线段长度（m）	650
	#2 船闸下引航道弯曲半径（m）	720
	试验水域实际水深（m）	4.55

续上表

三江上引航道	口门宽度(m)		230
	掉头水域及宽度(m)		黄柏河口～靠船墩轴线约700m
	靠船墩下端至导航墙上端距离(m)		400
	会船水域及宽度(m)		里程标5.3～5.7约230m
	导航墙长度(m)		200
	#2船闸引航道直线段长(m)		960
	#2船闸引航道弯曲半径(m)		1000
	#2船闸靠船墩轴线与船闸轴线交角		0°
	试验水域实际水深(m)		9.55
石牌弯道	最小航道弯曲半径(m)		780
	航道宽度(m)		340
	起讫界标		凸嘴上、下各350m
	试验水域实际水深(m)		17.06
	水流速度(m/s)	上段	0.575①
		中段	0.50①
		下段	0.45①

注:①根据实测位移计算值。

(三)试验期间坝区水文和气象概况(表4)

试验期间坝区水文和气象概况　　表4

日期		3月27日	3月28日	3月29日	3月30日
水位高程(m)	坝上	62.66	62.61	62.63	62.45
	坝下	39.28		39.08	38.92
风向和风速(m/s)		南风4.3	东风4.4	南风4	西南风2
流量(m^3/s)	入库量	4680	4380	4200	4060
	下泄量	4590	4550	4030	4230
天气		上午小雨,下午阴多云	阴	上午阴,下午阵雨	晴
视界(m)		约800～1000	>1000	上午:>1000,下午:<500	>1000
说明:三江上口门区纵向流速为0.41m/s,三江下口门区流速为0.4～1.0m/s。					

二、试验项目、进程和方法

(一)试验项目和进程

试验实绩进程见表5。

试验实绩进程　　表5

日期	时　间	试验项目	地　段	附　注
三月二十七日	9:45	6驳船队惯性冲程测定	上引航道	
	12:10	6驳船队下口门航态测定	下口门水域	
	12:37	6驳船队掉头(回转)试验	宜昌港区	
	12:47	6驳船队舵效测定	宜昌港区	
	13:01	6驳船队航速测定	宜昌港区	
	13:17	6驳船队进下口门航态测定	下口门水域	
	13:25	6驳船队上驶航态测定	下引航道	
	13:41	6驳船队(上驶)曲线进闸	下引航道	
	15:23	6驳船队(上驶)曲线出闸	上引航道	
	15:36	6驳船队航速测定	上引航道	补测双进10
	15:42	6驳船队航向稳定性试验	上引航道	
三月二十八日	10:15	9驳船队舵效测定	宜昌港区	
	10:38	9驳船队进下口门航态测定	下口门水域	
	10:44	9驳船队航速测定	下引航道	
	13:46	9驳、6驳船队会船试验(一)	上引航道	
	13:58	9驳船队航速测定	坝上库区	补测双进6
	14:16	9驳船队航向稳定性试验	坝上库区	
	15:55	9驳6驳船队会船试验(二)	上引航道	
	17:40	9驳6驳船队会船试验(三)	上引航道	
三月二十九日	9:07	9驳船队惯性冲程测定	上引航道	
	11:55	9驳、6驳船队航、停会让(一)	下引航道	
	12:04	9驳船队下驶航速测定	下引航道	
	13:17	9驳船队进下口门航态测定	下口门水域	
	13:41	9驳船队上驶曲线进闸,9驳、6驳船队航、停会让(二)	下引航道	
三月三十日	9:30	9驳船队航速测定	偏脑上下	
	9:58	9驳船队石牌弯道试验(上驶)	石牌弯道	
	11:39	9驳船队石牌弯道试验(下驶)	石牌弯道	
	13:44	9驳船队惯性冲程测定	上引航道	
	14:00	9驳船队下驶曲线进闸	上引航道	
	15:46	9驳船队下驶曲线出闸	下引航道	
	16:00	9驳、6驳船队航、停会让(三)	下引航道	

(二)试验方法

试验项目的船舶航态测定分船测和岸测两大组成部分,其主要测定方法和所用仪器为:

(1)船测航向变化过程用ΓY型航空陀螺仪,经标定后其输出信号由SC—16型紫外线示

波器自动记录。

(2)船测操用舵角变化过程用安装于舵机房的电位式舵角传感器,经标定后其输出信号的自动记录同1。

(3)船测对水航速用LS—25旋桨流速仪,用支架固定,保证其入水深度和舷间距;其输出信号及测定历时用人工视读,流速测定用微型流速仪自动记录。

(4)船测主机工况(车速),在现场记录,并和船测信号同步计时。

(5)岸测航迹用经纬仪交叉定位,分别以船队首驳前桅和推轮主桅为观测目标,每目标各由三台经纬仪同步观测,以保证其基本精度。流速、流向用放流线法测定。

(6)船测和岸测以及两船队会让、多台经纬仪同时观测均采用时间同步,即始测信号由测定总指挥施发,以后船测部分的仪器连续记录其变化过程,岸测定位按船舶运动速度定时施发视读信号(经10″,20″或30″)达到瞬时同步观测。

(7)船岸测定所用仪器在试验前经检查校准或率定,仪器误差在允许范围以内。船舶的对岸速度、船位航向变化、偏航角以及前进、横移、下滑量等位移和会船时的舷间距、制动冲程等均从航迹图上量取。

三、测试结果

(一)基本性能试验

测试内容和结果见表6。

基本性能测试结果 表6

<table>
<tr><td colspan="2">测定项目</td><td colspan="12">六驳船队</td><td colspan="12">九驳船队</td><td>备注</td></tr>
<tr><td colspan="2" rowspan="2">左、右15°、20°舵效测定</td><td colspan="4">平均应舵时间(s)</td><td colspan="4">平均角速度(°/s)</td><td colspan="4">平均最大惯性度数</td><td colspan="4">平均应舵时间(s)</td><td colspan="4">平均角速度(°/s)</td><td colspan="4">平均最大惯性度数</td><td rowspan="2"></td></tr>
<tr><td colspan="4">6.68</td><td colspan="4">0.30</td><td colspan="4">4.75</td><td colspan="4">9.58</td><td colspan="4">0.16</td><td colspan="4">3.88</td></tr>
<tr><td rowspan="2">航速测定</td><td>主机转速(r/min)</td><td colspan="3">240</td><td colspan="3">340</td><td colspan="3">380</td><td colspan="3">400</td><td colspan="3">240</td><td colspan="3">340</td><td colspan="3">380</td><td colspan="3">400</td><td rowspan="2"></td></tr>
<tr><td>航速(m/s)</td><td colspan="3">2.64</td><td colspan="3">3.21</td><td colspan="3">3.45</td><td colspan="3">3.66</td><td colspan="3">2.28</td><td colspan="3">2.90</td><td colspan="3">3.11</td><td colspan="3">3.29</td></tr>
<tr><td colspan="2" rowspan="2">航向稳定测定</td><td colspan="6">无控</td><td colspan="6">有控</td><td colspan="6">无控</td><td colspan="6">有控</td><td rowspan="2"></td></tr>
<tr><td colspan="6">3min 变向 3.5°</td><td colspan="6">向右平均压舵 2.14°</td><td colspan="6">3min 变向 2.0°</td><td colspan="6">向右平均压舵 1.1°</td></tr>
<tr><td colspan="2" rowspan="3">掉头测定(六驳船队)</td><td colspan="3" rowspan="2">平均流速</td><td colspan="3" rowspan="2">舵角</td><td colspan="3" rowspan="2">主机工况</td><td colspan="9">变向180°</td><td colspan="3" rowspan="2">计算所需航宽</td><td colspan="3" rowspan="2">B/L</td><td rowspan="3"></td></tr>
<tr><td colspan="3">总延时</td><td colspan="3">平均航速(m/s)</td><td colspan="3">平均角速(rad/s)</td></tr>
<tr><td colspan="3">0.6m/s</td><td colspan="3">右32°</td><td colspan="3">常规
7~10档</td><td colspan="3">346.5s</td><td colspan="3">1.04</td><td colspan="3">0.009</td><td colspan="3">332.8m</td><td colspan="3">1.7</td></tr>
</table>

(二)通航条件试验

测试结果及航态特征见表7。

通航条件测试结果及航态特征汇总表　　表7

试验项目	六驳船队		九驳船队	
	测定成果	航态特征	测定成果	航态特征
(Ⅰ)进三江下口门	实测航迹及变向角、舵角、航速、车速随时间的变化见图2	1. #6~#10船位总下滑量25.4m 2. 为控制船队下滑,到达口门的偏航角6°	实测航迹及变向角、舵角、航速、车速随时间的变化见图6~7	1. #15~#18船位总下滑量26.6m 2. 为控制船队下滑,到达口门的偏航角6°
(Ⅱ)出三江下口门	实测航迹及变向角、舵角、航速、车速随时间的变化见图3~5	1. 口门偏航角向下6° 2. 出口门100~120s左舵转向 3. 进出口门航迹重合长度940m	实测航迹及变向角、舵角、航速、车速随时间的变化见图8~9	1. 口门偏航角向下6° 2. 出口门120~140s左舵转向 3. 进出口门航迹重合740m
(Ⅲ)下引航道自航航态测定		1. 上行平均偏航角1.3°,最大4.1° 2. 上行#3~#6船位最大横偏距6m 3. 相同主机工况的航速为无限水域的0.885倍		1. 上行平均偏航角1.87°,最大2.8°,下行平均1.59°,最大3.5° 2. 上行#30~#33船位最大横偏距6m,下行5m 3. 相同主机工况的航速为无限水域的0.815倍
(Ⅳ)引航道直线段长度试验	实测航迹及变向角、舵角、航速、车速随时间的变化见图10~15	进闸为$1.66L_c$,出闸为$(1.66\sim1.96)L_c$	实测航迹及变向角、舵角、航速、车速随时间的变化见图16~17	L_2——进闸为$1.86L_c$ L_3——调顺段长度 L_c——试验船队长度
(Ⅴ)航行和航泊会让	1. 航泊会让测量设备布置见图18 2. 实测航迹见图19~24 3. 两船队相对船位所占航宽见图25~27	1. 两船首并齐后20~30s,#1、#2系缆受力叠加最大13.2t,持续14s。 2. 相应六驳船队外侧横向流速0.32~0.35m/s,内侧0.52~0.54m/s 3. 交会过程平均偏航角6°	1. 实测航迹及变向角、舵角、航速、车速随时间的变化见图19~24 2. 两船队相对船位、所占船宽见图25~27	交会过程平均偏航角6°

续上表

试验项目	六驳船队		九驳船队	
	测定成果	航态特征	测定成果	航态特征
(Ⅵ)制动惯性测定	1. 实测航迹见图28 2. 降速曲线	1. 制动延时305s 2. 制动距离309m，等于1.55L	1. 实测航迹见图29 2. 降速曲线	1. 制动延时402s 2. 制动距离419.2m，等于1.52L
(Ⅶ)石牌弯道航行试验			1. 实测航迹及操舵角、变向角、船速与时间的关系 2. 上、下行对应各测点计算航迹 3. 曲度半径与漂角回归分析曲线	1. 上行最大偏航角23.5°，平均13.8°，横偏距90.0m 2. 下行最大偏航角39.5°，平均19.3°，横偏距56.0m

四、试验分析

(一)进、出口门实船试验

本试验的目的是研究引航道口门合理宽度以及口门轴线与河道主流允许最大夹角。通过试验可以看出：

1. 进口门航线：鉴于三江下口门的夹角过大，船队为了安全进入口门，必须选择大转弯的航线。具体的操作要点是：①挂南岸上驶。②大舵角转向点的船位均较高(快平白浮时)。③入口门前船首略向上抬，达及#1 红浮船位分中偏右以防困边、失控。

2. 出口门航线：①在口门断面至#1 红浮间为分中略偏红浮，控制下滑。②船首平白浮时才左舵转向。

3. 进口门航行轨迹主要表征：①在船首平#1 红浮到船中平#2 红浮航距范围内，船位下滑现象十分明显。九驳船队下滑26.6m，六驳船队下滑25.4m。②接近直至到达门口断面航距范围内，为制止下滑，偏航角逐渐增大，两船队均达6°。

4. 出口门航行轨迹主要表征：①过口门断面，船队有一定的偏航角，其中九驳船队2°，六驳船队6°。②在口门到#1 红浮航距范围内，航迹线分中略偏红浮。

上述测定结果表明，如果两轴线夹角过大，不仅需要较宽的通航水域和较大的口门宽度，还会造成船队在较长航距范围内(本次试验约400m)处在斜流作用中航行，对安全极为不利。船队进出口门的实测航迹及变向角、舵角、航速、车速曲线见图3～9。

试验表明，在考虑口门合理宽度的表达式结构时，除常规要素外，还应着重考虑到：①船队进口门前难以避免的下滑量$\sum d_i$。②进、出口门船队必然伴随的偏航角θ。③出口门船队为防止下滑航线的横偏量ΔD等方面对宽度的要求。设b_E为双向航行的口门合理宽度，则其表达式为

$$b_E > B'_1 + B'_2 + \sum d_i + \Delta D + \Delta b_1 + \Delta b_2 + \Delta b_3$$

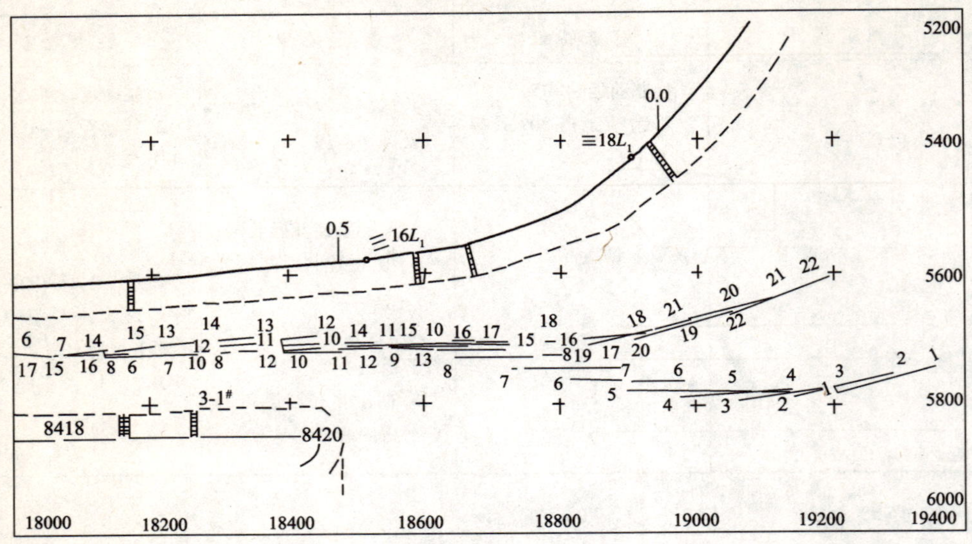

图3　长江02021+6×1009t船队进下口门航迹图

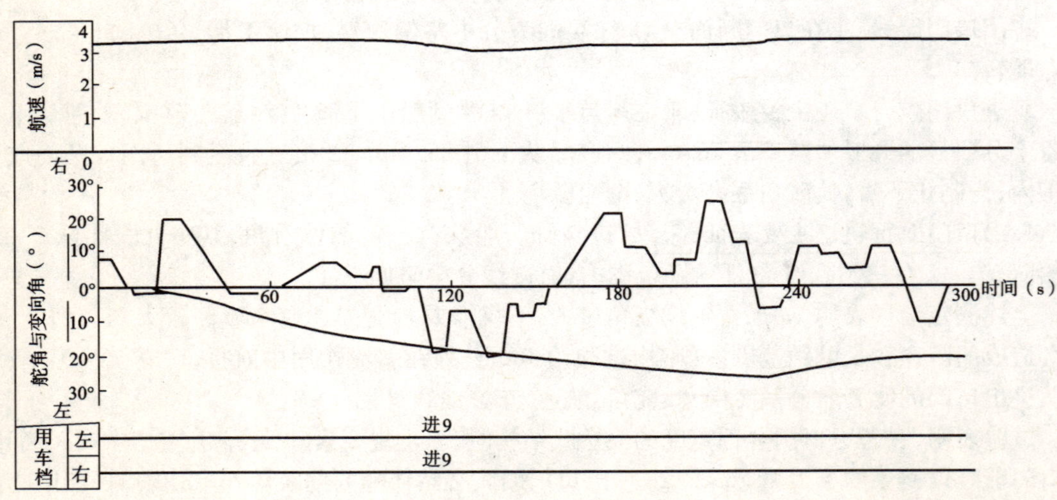

图4　六驳船队进下口门变向角、舵角、航速、用车与时间的关系曲线

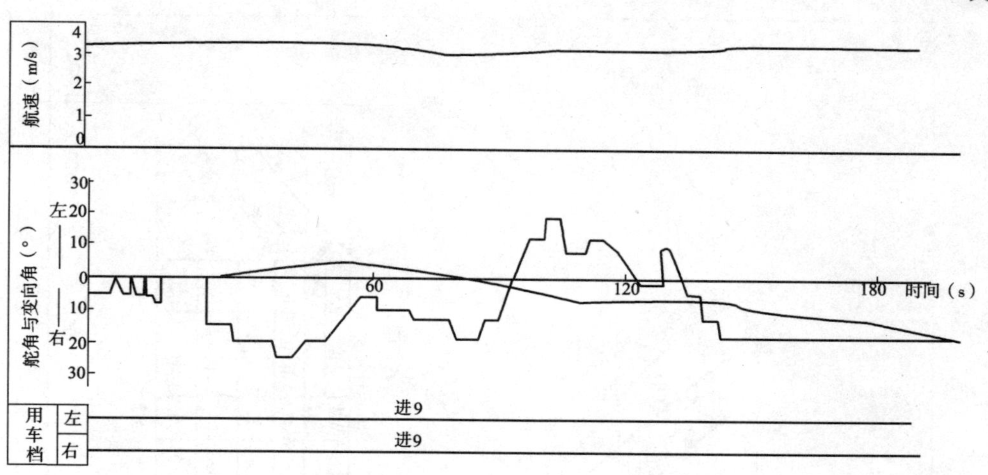

图5　六驳船队出下口门变向角、舵角、航速、用车与时间的关系曲线

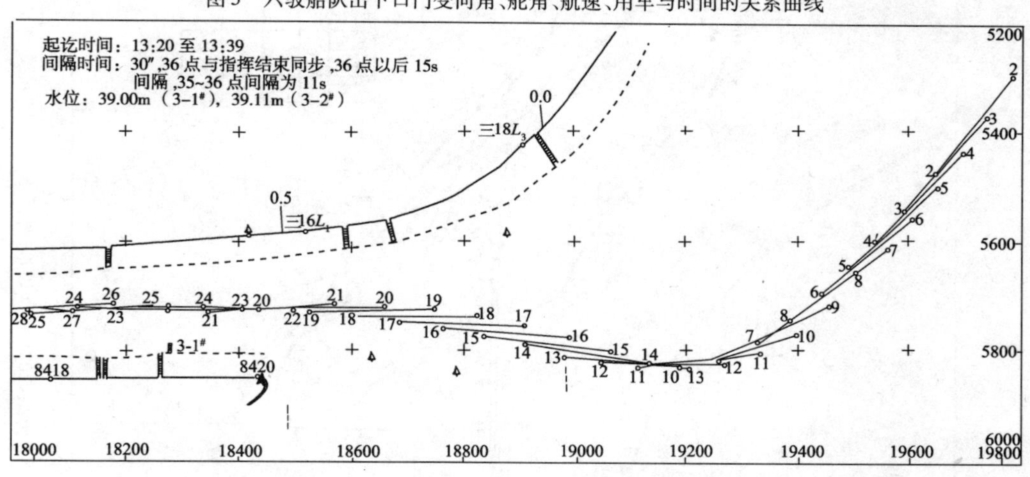

图6　长江02021 +9×1000t 船队进下口门航迹图

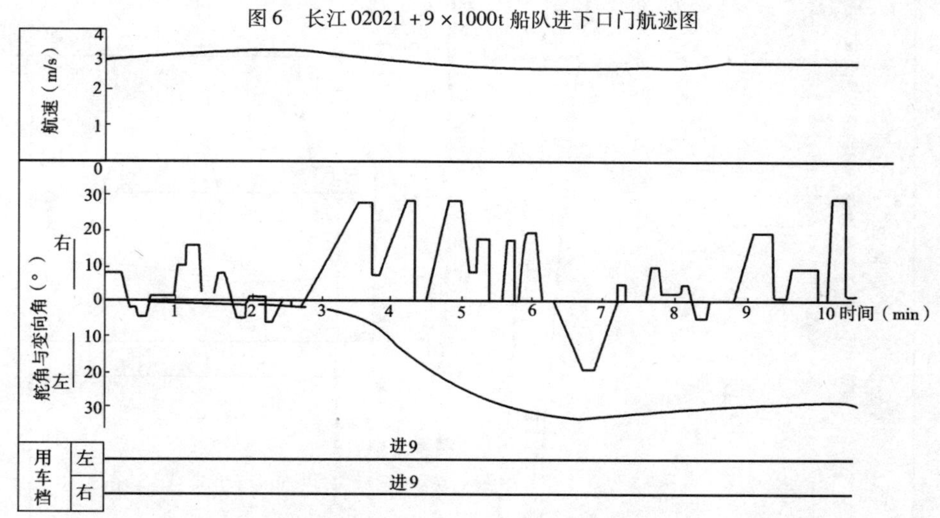

图7　九驳船队进下口门变向角、舵角、航速、用车时间的关系曲线

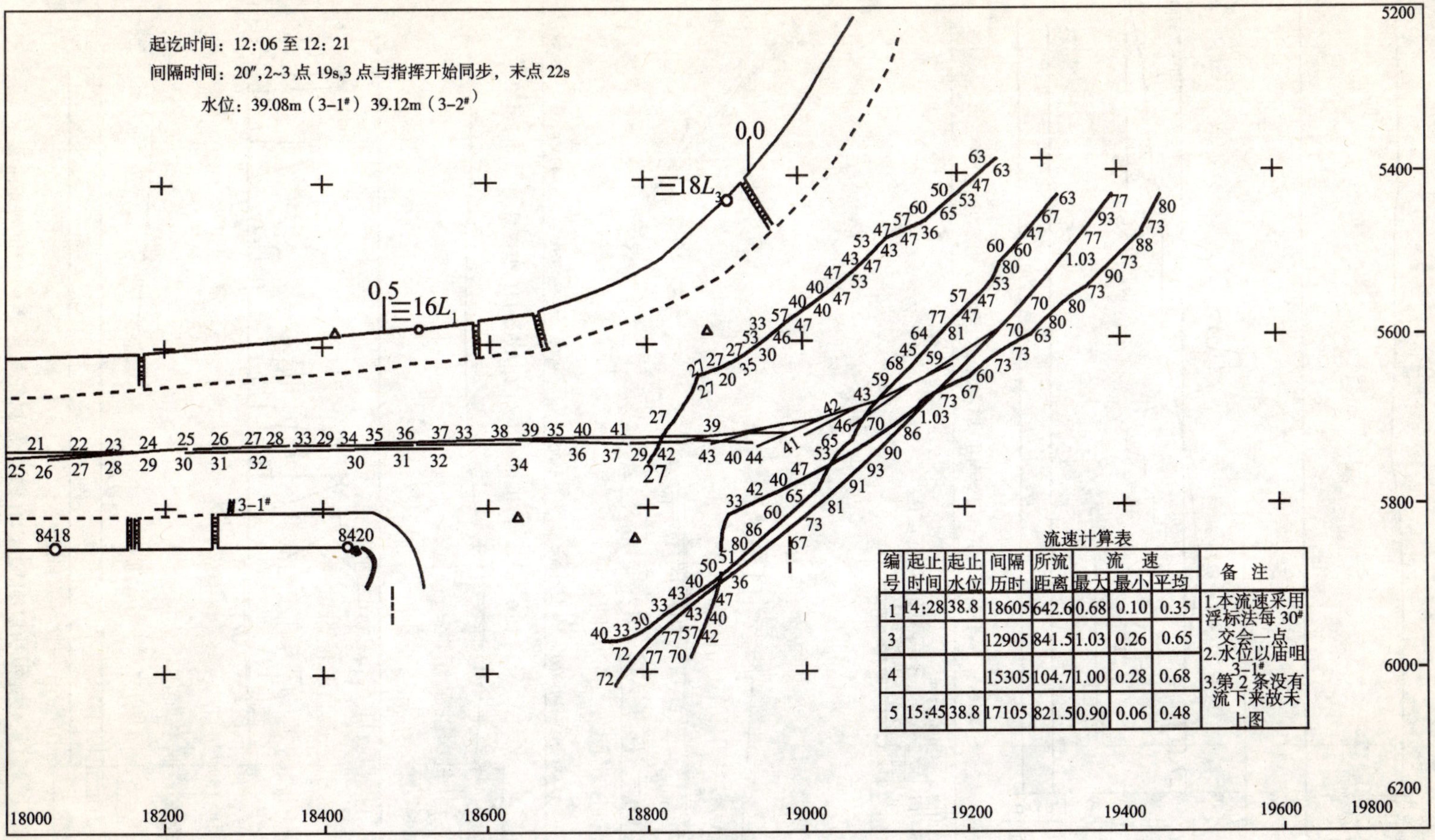

起讫时间：12∶06 至 12∶21

间隔时间：20″，2~3 点 19s，3 点与指挥开始同步，末点 22s

水位：39.08m（3-1#）39.12m（3-2#）

流速计算表

编号	起止时间	起止水位	间隔历时	所流距离	流速 最大	流速 最小	流速 平均	备注
1	14:28	38.8	18605	642.6	0.68	0.10	0.35	1.本流速采用浮标法每30#交会一点 2.水位以庙咀3-1# 3.第2条没有流下来故未上图
3			12905	841.5	1.03	0.26	0.65	
4			15305	104.7	1.00	0.28	0.68	
5	15:45	38.8	17105	821.5	0.90	0.06	0.48	

图 8　长江 02021 +9 ×1000T 船队出下口门航迹图

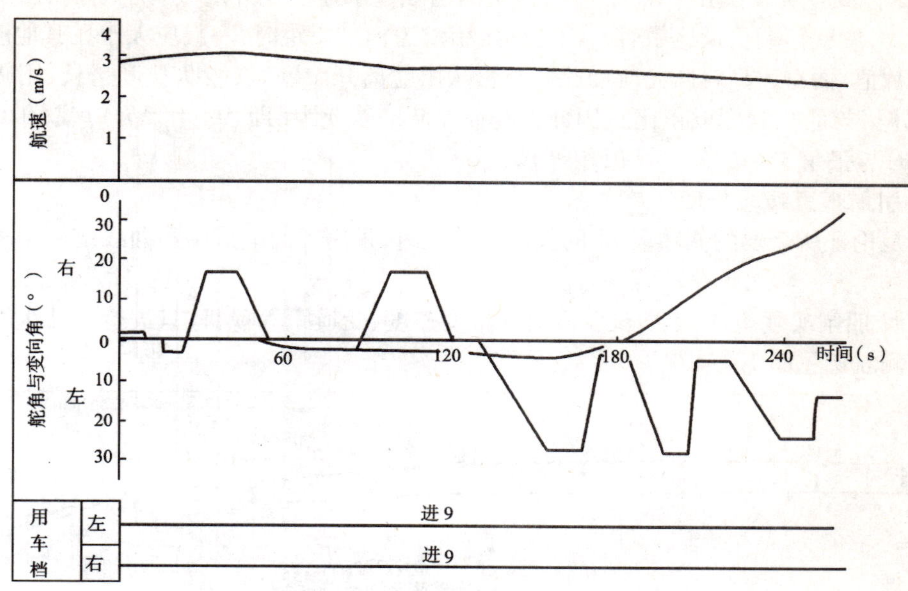

图 9　九驳船队出下口门变向角、舵角、航速、用车与时间的关系曲线

式中：B'_1、B'_2——进、出船队在口门断面的投影宽度；

$\sum d_i$——进口船队入口门前的下滑横距总量；

ΔD——出口门船队平衡下滑所需航线调整横偏量；

Δb_1、Δb_2——进、出口门船队离岸安全距离（即舷岸距）；

Δb_3——两船队交会时，应留有的安全距离（即舷间距）。

如考虑进、出同为九驳万吨船队，按常规取 $\Delta b_1 = \Delta b_2 = 0.5B$，$\Delta b_3 = 0.5B$，根据实测 $\theta = 6°$，$\sum d_i = 26.6\text{m}$，$\Delta D = 26.3\text{m}$，则在本次试验流态条件下，实现口门会船的合理宽度，即 $b_E >$ 222m。

应该指出，随着流量的增大（直至考虑设计最大通航流量），口门区流速必将相应增大，而且流向也会有所变化，从定性上看 $\sum d_i$、θ 两值必将随之增大，因而要求的口门宽度还应大一些。我们暂设 2m/s（指径流速度）为代表性流速，通过计算，应在上述计算值的基础上至少再加一个船队的宽度，即 $b_E > 255\text{m}$，才能在口门区进行两个万吨级船队交会。

（二）下游引航道直航航态试验

本试验的目的是了解万吨级船队在引航道中直航的基本特征，以及确定合理的舷岸距，即 Δb_1、Δb_2。测定结果表明：

（1）考虑万吨级船队单线航道宽度时，即使无外力干扰，也不能把船队的直航运动，看成是一条直线或等宽的航迹带。除船队宽度外尚应计入偏航角和横偏移所占用宽度，按九驳船队实测，取 $\theta = 3°$，横偏量等于 6m，则其计算值为 19.8m。

（2）因引航道断面系数不大，存在明显的狭道效应，狭道效应虽然主要取决于断面系数的大小，但根据九驳船队速降比六驳船队大，可知在断面系数相等的情况下，船队越长，则速降越大。在论证引航道尺度以及在引航道内航速等问题时不容忽视。

(3)尽管试验航线仅分中略偏左岸,而实测内舷过水速度比外舷大,说明在引航道内即使舷岸距较大,岸壁影响仍反应敏感。因此确定引航道内舷岸距时,一般应大于在其他航道试验所取得的数值,而对大型船队尤应如此。当船队操舵离开岸壁时,船队长度越长,则踢尾值也越大("踢尾"与船队长度成正比),因此万吨级船队的舷壁距(即 Δb_1 和 Δb_2)宜取 0.6B(比常规大 0.1B,与张角 5°~6°的踢尾值相等)。

(三)引航道直线段长度

目的是论证所需要的调顺段 L_2 的长度。试验时,采用了曲线进闸和曲线出闸两种运行方式。

限于#2 船闸实际条件,本次试验没有安排变速度、变横距等项目,只进行了几次写实性的测定。实测航迹见图 10~17。

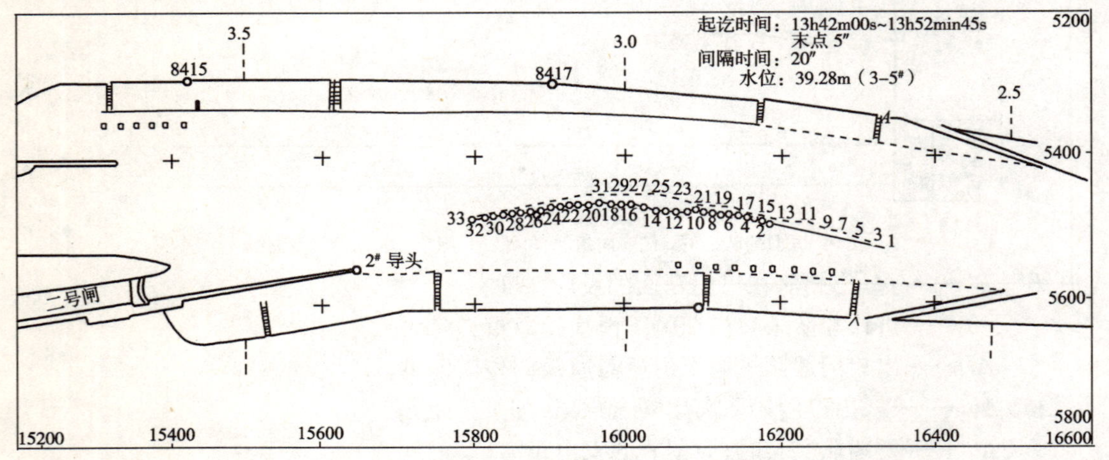

图 10 长江 02021+6×1000t 船队曲线进闸航行轨迹图

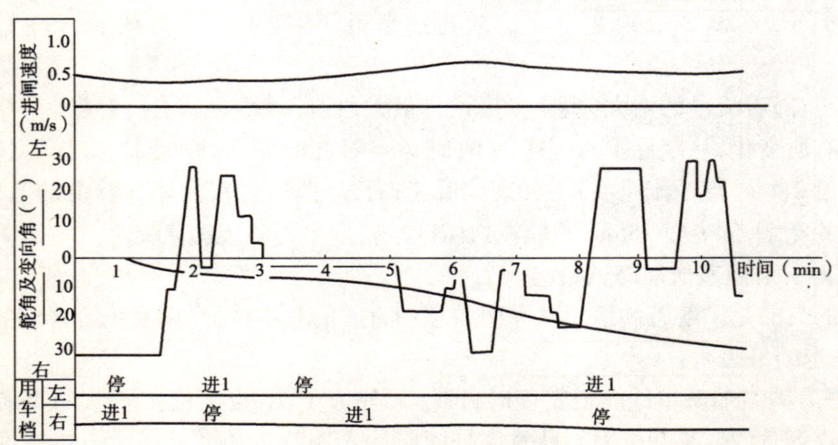

图 11 六驳船队曲线进闸航态测定汇总(上驶)

(1)实测船队中分点连续轨迹的图形,均为简单的"S"形。另外,比较四次测定结果看出"S"的曲转部分与速度和横摆距离(张角)有关。基本趋势是:速度小斜率也小,横摆距离过大,则幅宽和难度也大。

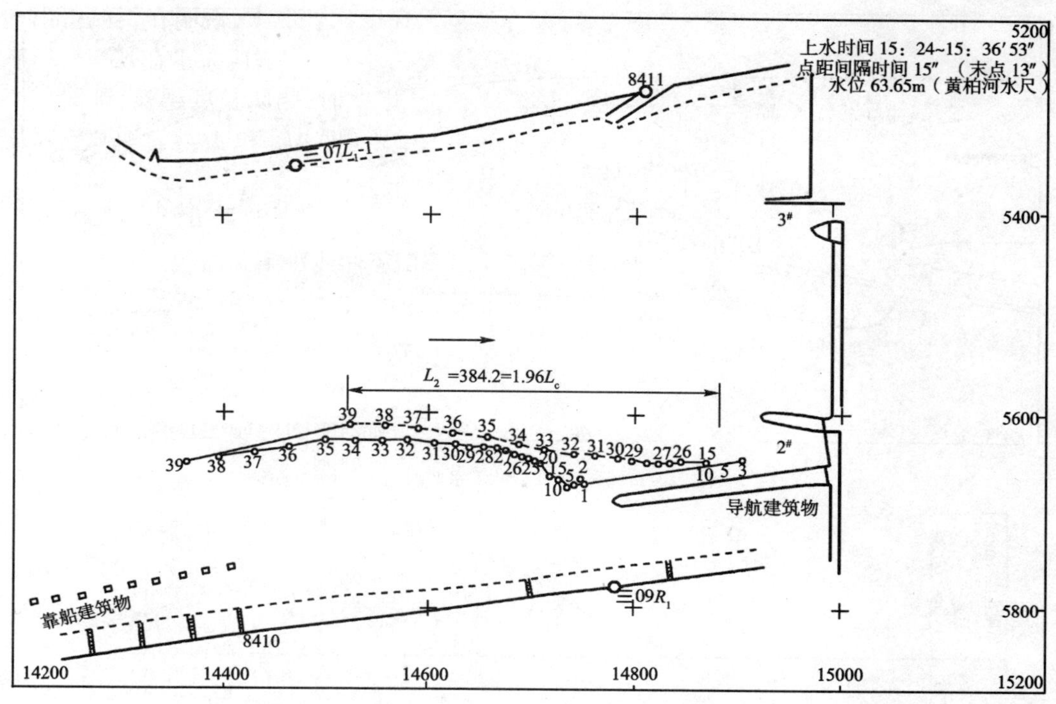

图 12　长江 02021 +6×1000t 船队上水曲线出闸航迹图

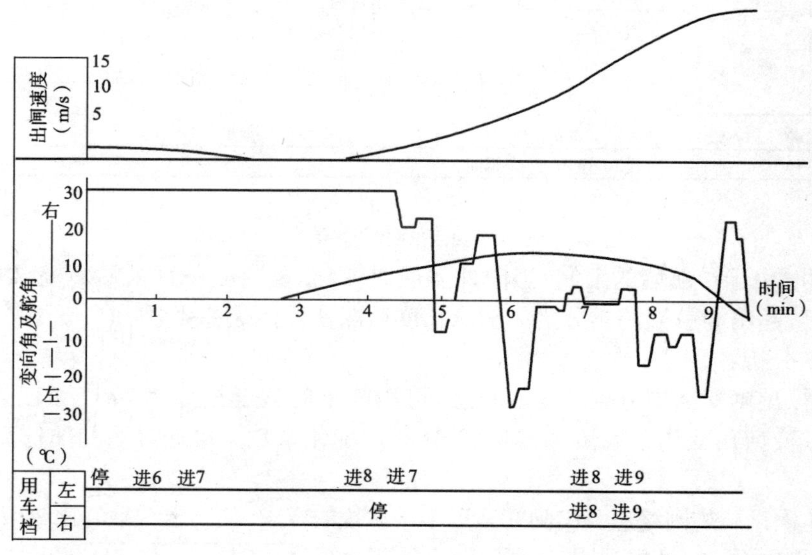

图 13　六驳船队曲线出闸航态测定汇总(上驶)

(2)为防止事故,试验时谨慎操作,这次试验进闸的终速度以及出闸的初速度,远小于常规应取的速度,在整个试验过程中,基本上是采用以车助舵控制航向、低速前进的操作方法。

(3)由于#2 船闸下游直线段长度仅 650m(2.46L),推论 +9×1000t 船队调顺船位进闸很困难,曾采用系船首缆调顺船位的方法,调顺船位历时达 17min。

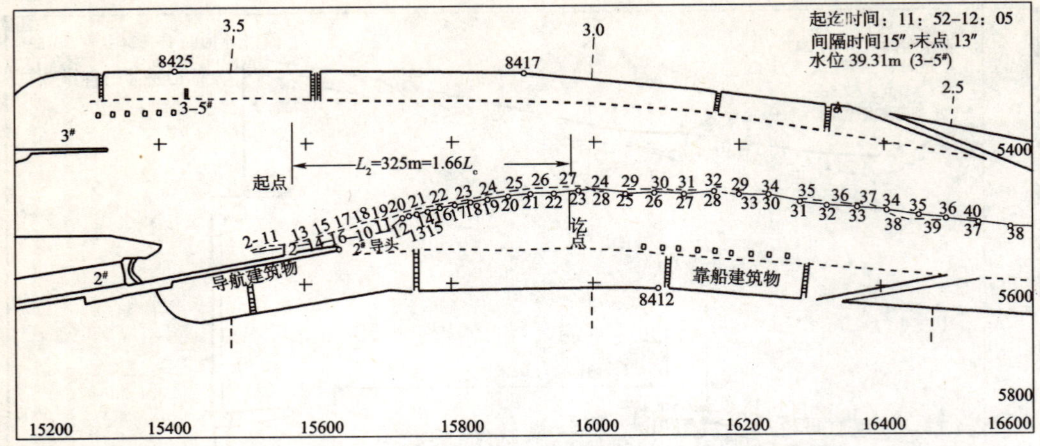

图 14　长江 02021 +6×1000t 船队下水曲线出闸航行轨迹图

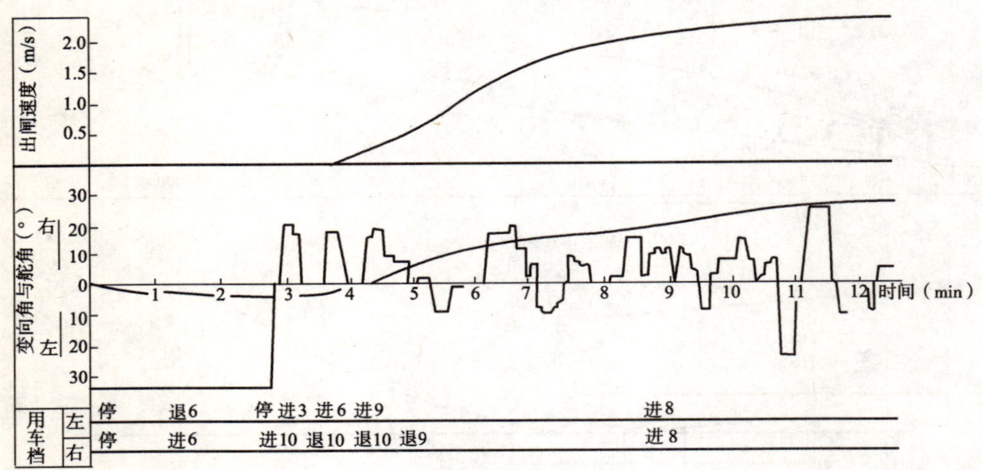

图 15　六驳船队曲线出闸航态测定汇总(下驶)

(4)出闸时由于导航墙的限制，当向外操舵时，因船尾内舷一直紧贴墙壁，以致无法驶离导墙，直至船队超出导航墙约三分之一船队长度后船首才能徐徐张开。

根据以上分析：

①曲线进、出闸船队中分点的运动轨迹，可用简单的数学模型 $Y=ax^b$ 予以表示。其中 a 为横摆距离或变向角变化系数，b 为船速、船队长度变化系数。可通过系列的仿真计算予以补充确定。

②由于这次试验进闸终速及出闸初速远小于常规的要求，从测定结果的比较可知：当平均速度大，对应 L_2 的长度也大(根据同一船队进、出闸测定结果比较)，L_2/L 的比值也大(根据两个船队测定结果比较)。几次试验实测，引航道直线段中的第二段调顺段 L_2 长度为 1.66～1.86L_c，按第一段导航段 L_1 和第三段靠船段 L_3 各为 1.0L_c，则引航道直线段长为 3.66～3.86L_c。

(四)会船试验

本实验的目的是通过对实测数据的分析，确定与航道宽度计算有关的两个重要参量：偏航角(θ)、安全间宽(Δd)。

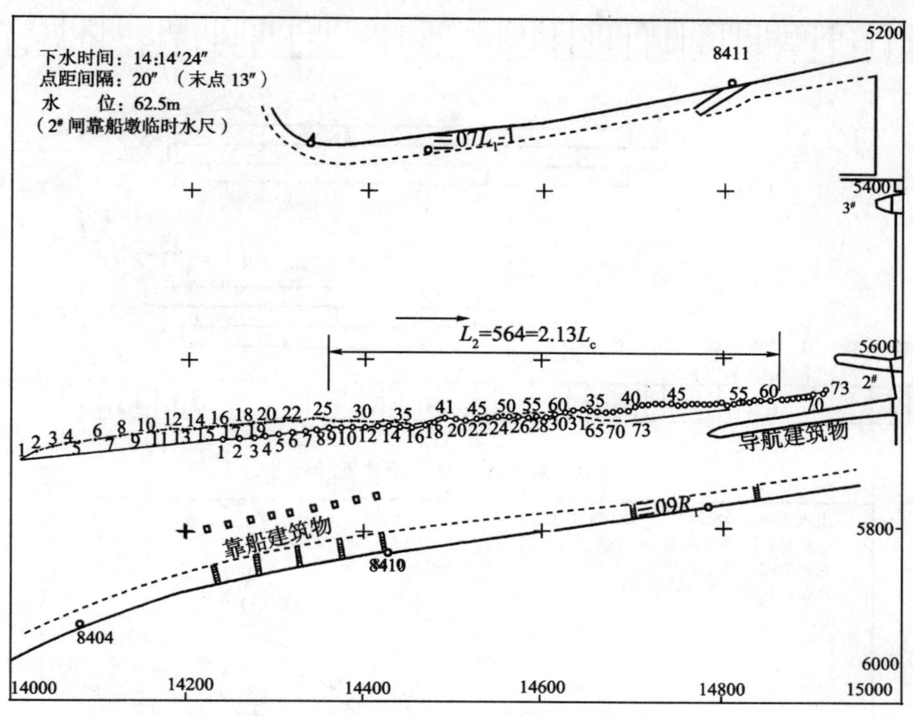

图 16 长江 02021 + 9 × 1000t 船队下水曲线进闸航迹图

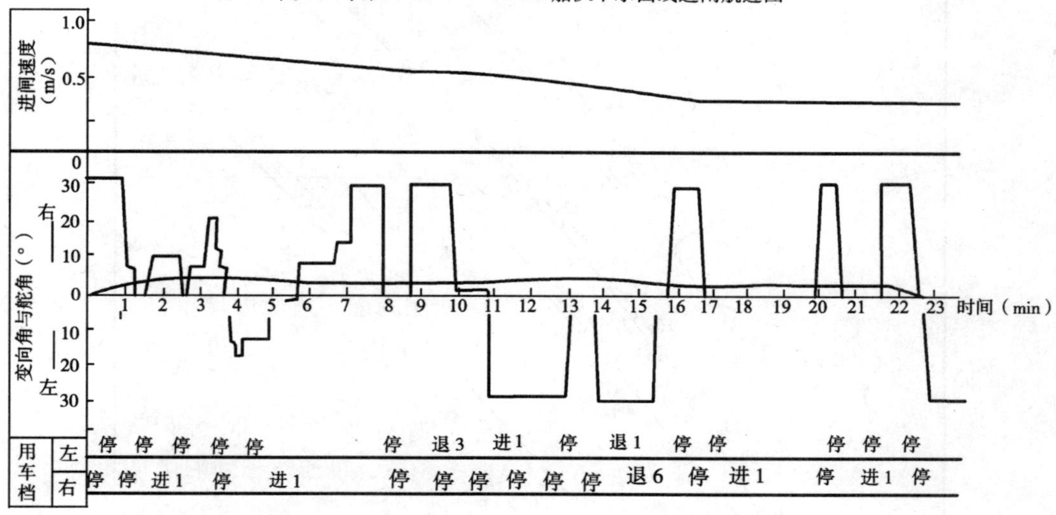

图 17 九驳船队曲线进闸航态测定汇总(下驶)

为取得 θ、Δd,除安排三次航行会船试验外,还安排了航泊会让的测定(图 18),以便综合分析论证。

实测结果如下:

(1)从两个船队船首平到两个船队驾驶台平的这段交会过程中,航向的变化比较明显(最大达 5°)。而且出现变向方向与舵位方向相反的情况(参见图 19 ~ 24),这一现象说明,即使两船相距 43m(第三次会船#20 船位实测的舷间距),因干扰产生的转矩也甚为明显。

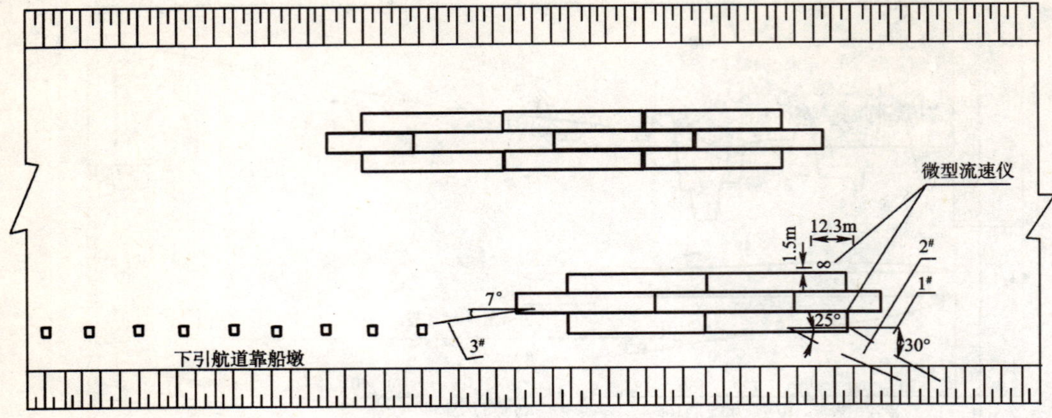

图 18　航泊会让测量设备布置简图

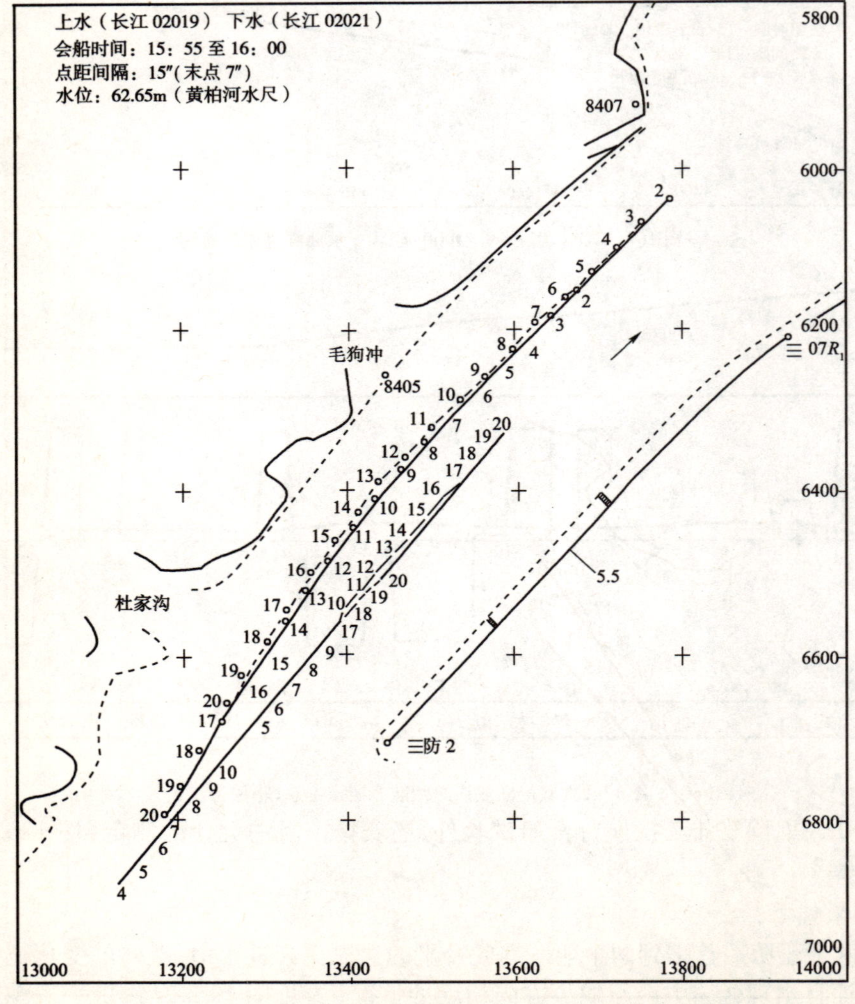

图 19　长江 02021 与长江 02019 船队三江上引航道对会航迹图

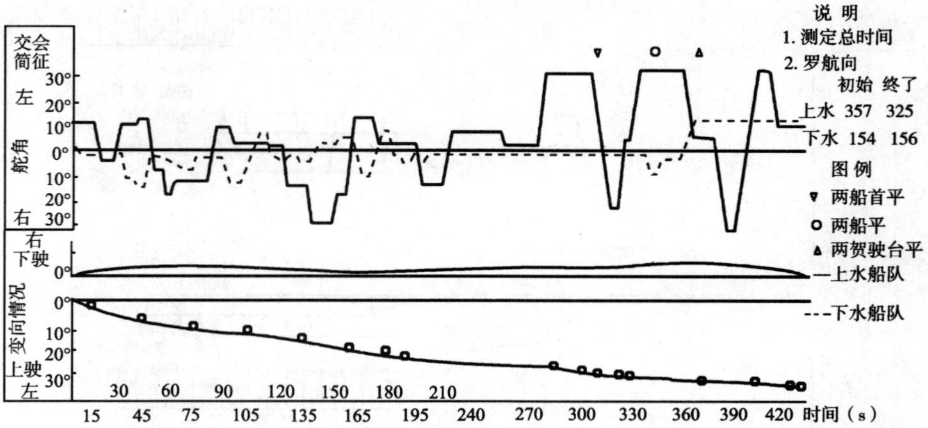

图 20　上引航道会航道会船试验测定结果汇总(第一次 9 驳船队上驶六驳船队下驶)

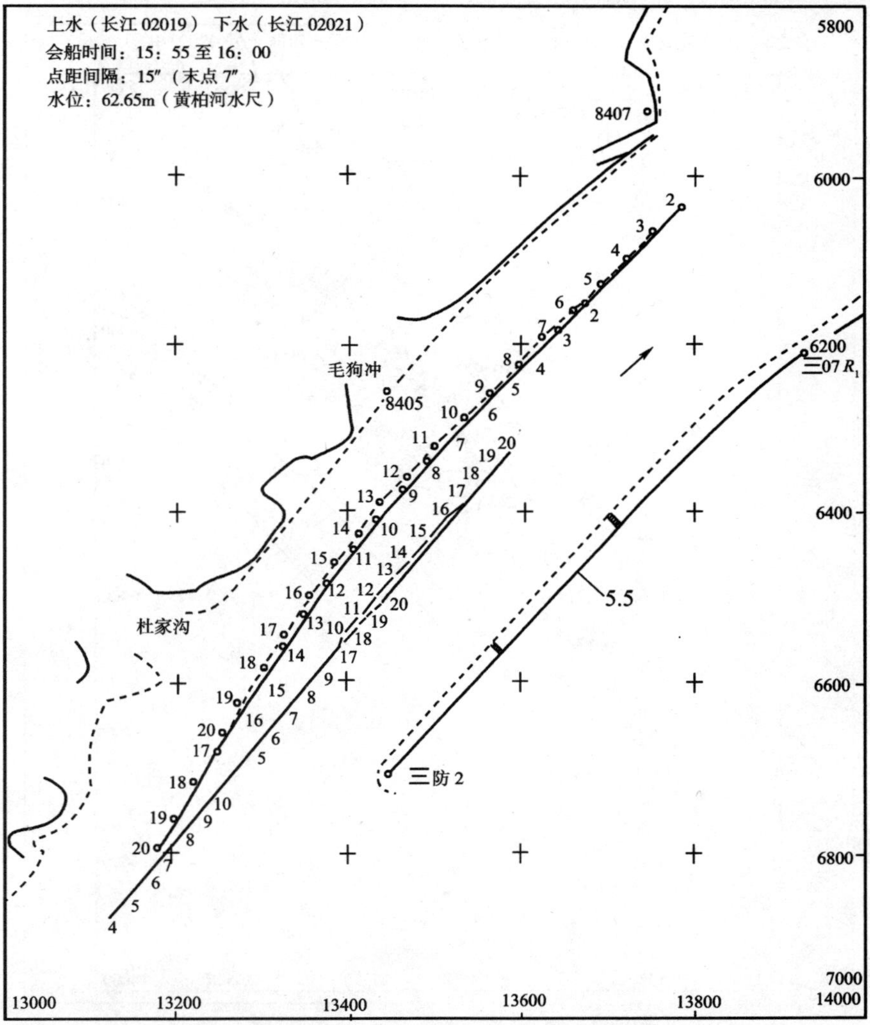

图 21　长江 02021 与长江 02019 船队三江上引航道对会航迹图

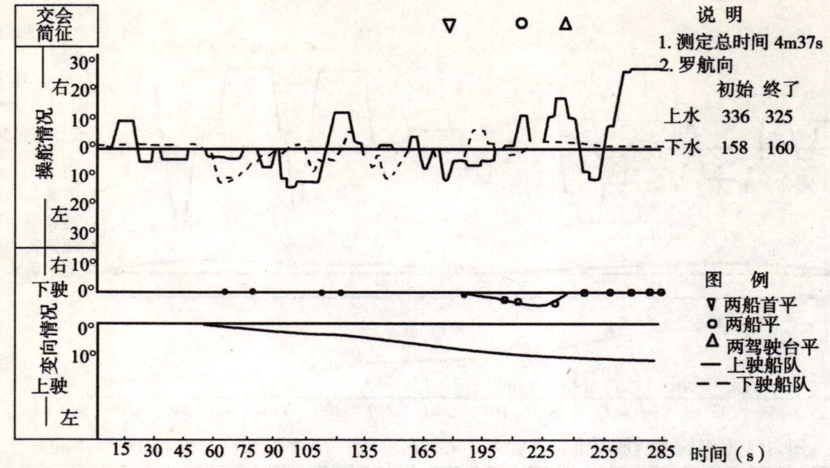

图 22　上引航道会船试验测定结果汇总（第二次 02019 船队上驶 02021 船队下驶）

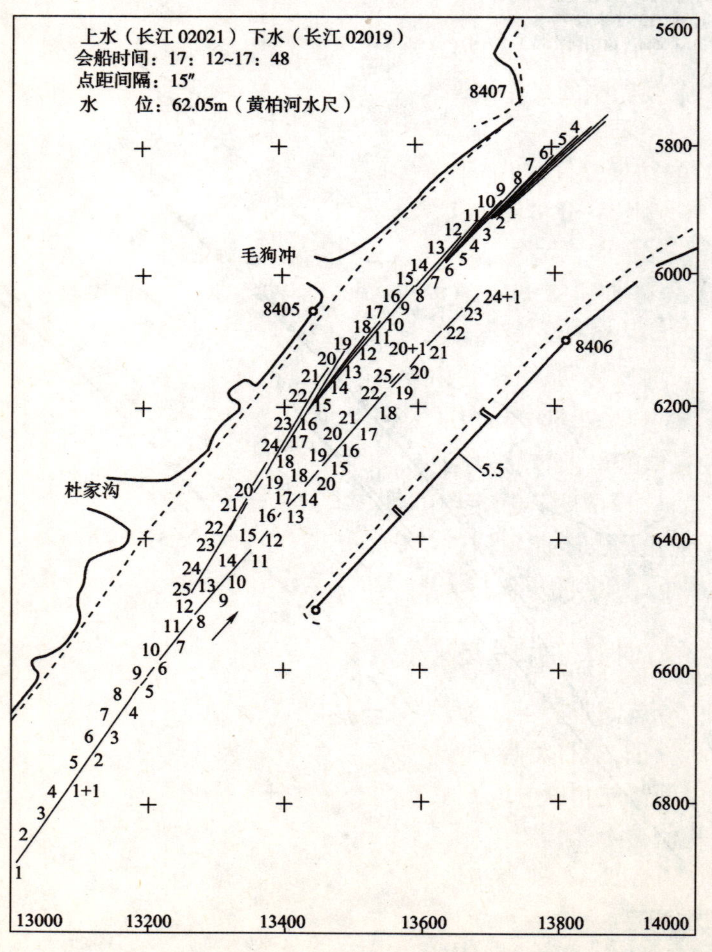

图 23　长江 02019 与长江 02021 船队三江上引航道对会航迹图

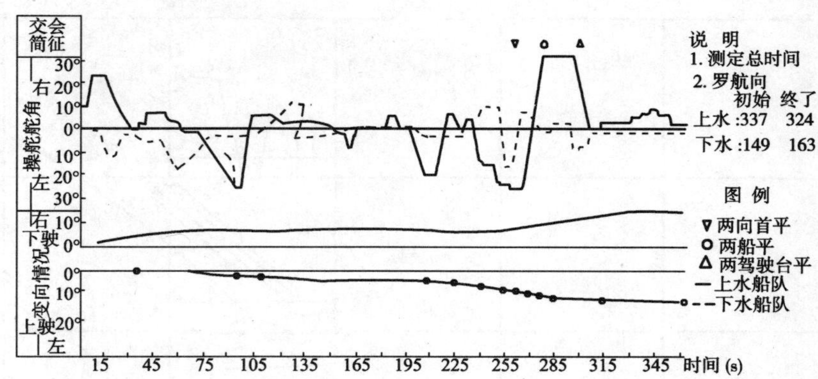

图 24 上引航道会船试验测定结果汇总(第三次 02021 船队上驶 02019 船队下驶)

(2)交会过程中的偏航角均比交会前的大,船队显示一定的偏航运动。因此,在设计航道宽度时,应考虑偏航投影宽度,对于船队长度较长的大型船队来说,更不能忽略。

(3)下驶船队偏航角普遍小于上驶船队(指在交会过程的范围内),这是出于为保证两船队在操作上协调,试验中均由长江 02021 轮统一指挥的结果。统一指挥的原则是:下驶船队的航向基本不变,以上驶船队的操作来调整两船相会的间距。因此,偏航角宜取上、下驶船队的平均值。

(4)三次试验的结果,对应两船平齐时相对船位均为向下游方向张开的八字形(图 25 ~ 27),由于图形比较规则,从分析图形可以认为下驶船队纵中线的方位与上驶船队一样,偏航角方向均朝向轴线。

(5)航泊会让试验见图 18,实测在两船相距 20m,相对速度为 2.84m/s 的条件下,六驳船队舷边的横向流速达 0.35m/s,尾系缆张力为 13.2t(#1、#2 两缆的叠加值),如果把船队会让过程中因船舶升沉、前后移动、船队间相互干扰等综合形成的张力视为转矩,其值达 528t · m($M_c = 13.2\cos 60° \times 80$,此处 80 为受力点到船队中分点的距离,即作用力臂),而六驳船队双进 9 操 32°舵角可能提供的最大转舵力矩仅 339t · m($M_R = 71AV^2 \sin 32° \times 98.3$,此处 98.3 为舵到船队中分点的距离)。设两船队航行交会时的相对速度为 5.9m/s(两船队双进 9 的速度和乘以 0.9),并取 20°舵角为安全舵角(按常规留有一定的舵力以平衡其他外力的叠加作用),则在两船队相互作用下操 20°舵角保持直航的舷间距应大于 44.7m(根据万有引力定律推导的关系式 $R_2 = \sqrt{\frac{F_1}{F_2}} \cdot R_1$ 计算得出,这里 F_1、F_2 已换算成等价的横向力)。计算结果约等于第三次会船实测的两中分点间距。

通过以上分析论证,对有关两个参量的取数应为:

①交会过程中的偏航角 θ 应取 6°(即三次试验上、下驶两种情况,两船平齐以及前、后相邻三个船位的平均值)。

②Δd 应取 16.2m,即 $\Delta d \approx 0.5B$(根据综合分析提出)。

(五)制动惯性测定

制动惯性测定的目的,除为获得由常车进转快倒车紧急制动或避让的最小冲距外,并通过分析了解航道河道效应对惯性冲程的影响(即平均阻力的增值),以便更准确地确定按常规操

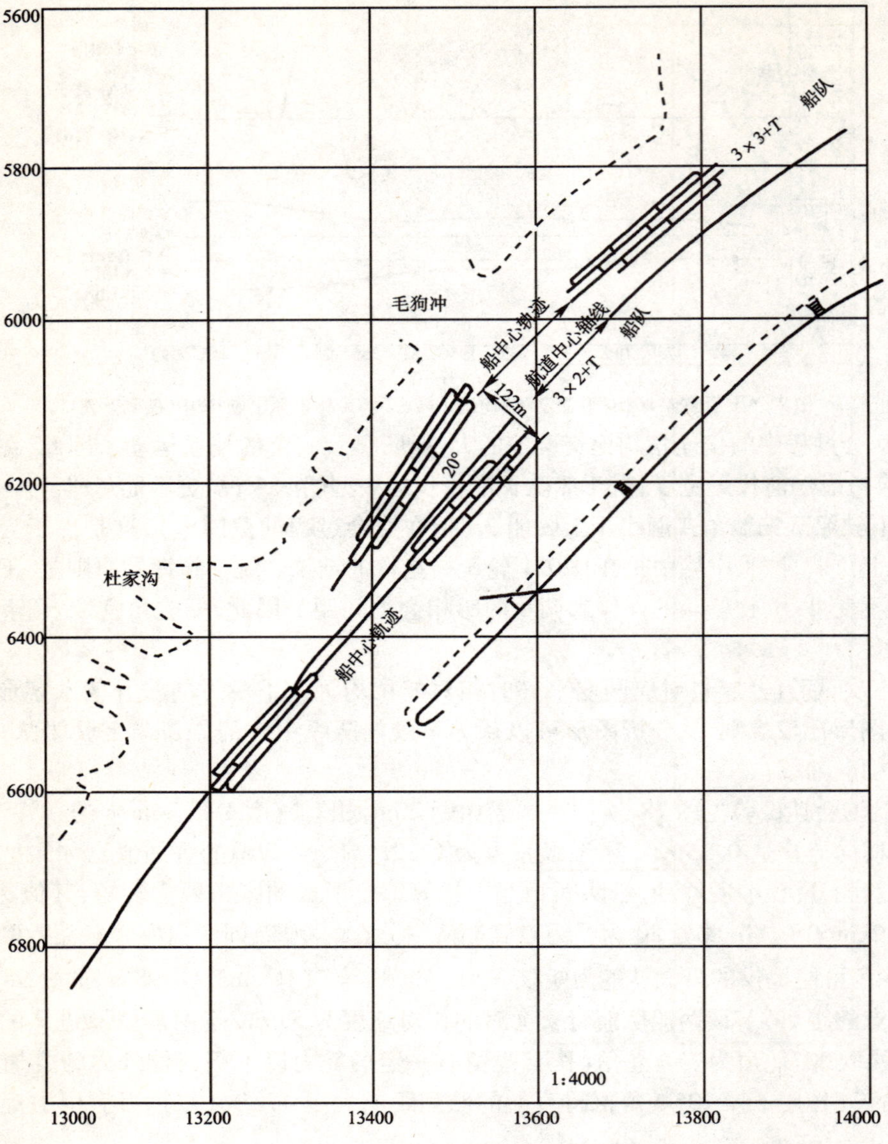

图 25　两船平齐，相对船位及最大占用航宽

作由上口门至靠船墩上端需要的最小长度 L_4。

实测冲程航迹见图 28 和图 29，测定结果为：

(1) 试验时上口门区的纵向流速经分析在临近上口门断面 200 ~ 300m 航线范围内甚小，为 0.41m/s 左右。

(2) 实测冲距与船队长度的比值，只是反映紧急操纵的情况，而实际上由上口门到靠船墩需要的最小长度 L_4 应该是依靠常规操作来确定，常规操作的典型情况是：①主机工况由常车→停车；②速度由常车对应的航速 V_A 至维持基本舵效的最低速度 V_B，也就是说 L_4 应满足上述工况改变和速度改变的滑行距离 S 的需要，即 $L_4 \geqslant S$。

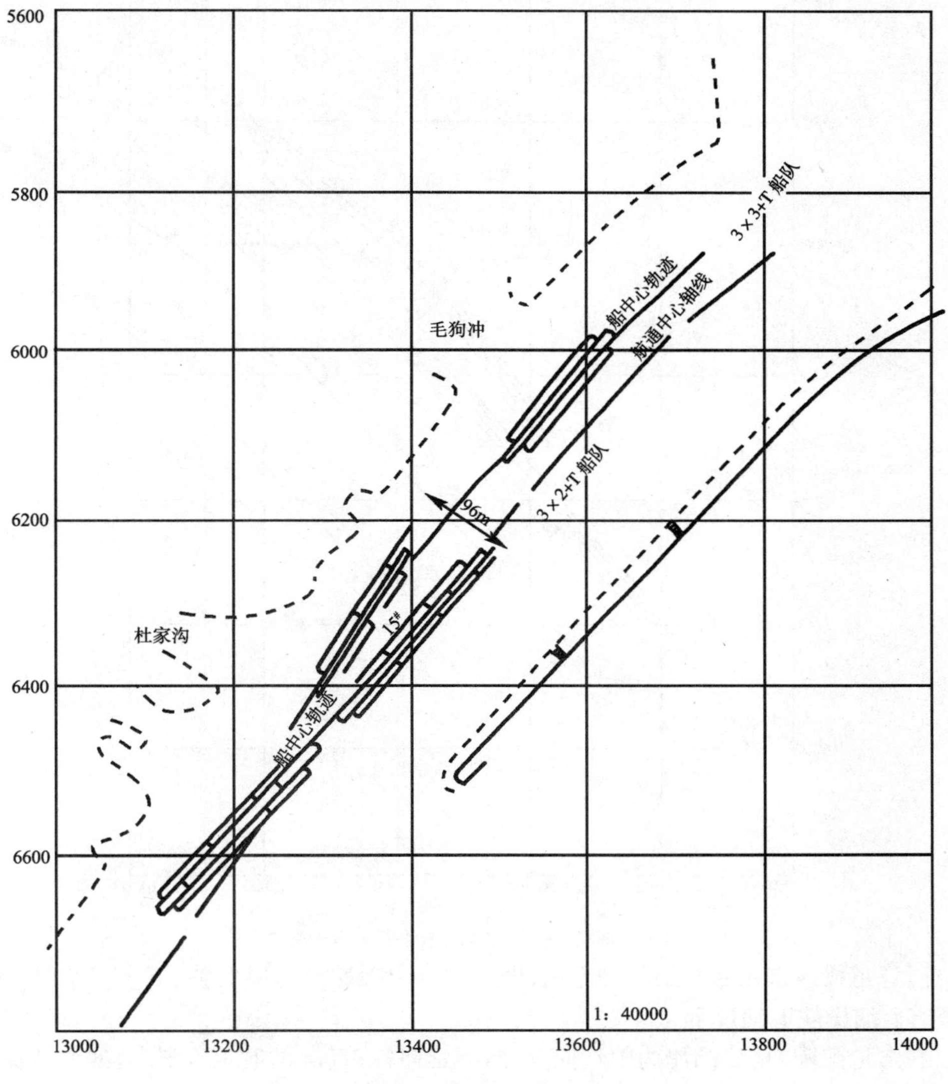

图 26　两船平齐时，相对船位及最大占用航宽

根据实测以及分析所得的平均水阻力 R(7.05t)，按功等于功能的增加(或减小)进行运算。当九驳船队由 $V_A=3.11\text{m/s}$ 改变至 $V_B=1\text{m/t}$ 的滑行距离 $S=803.4\text{m}$，与船队长的比值为 3.04。经分析 L_4 不得小于设计船队长度的 3.2 倍。

(六)石牌弯道弯曲半径试验

本试验的目的是了解试验船队的实航状况，及取得试验船队顺利通过的最小曲率半径和航宽的论证依据。

试验的测定是写实性的，根据观察和测定的计算结果归纳分析如下：

(1)试验是在水流比较平缓的条件下进行的，根据上、下水相邻船位位移的比较计算，在航迹带范围内弯道上段的流速为 0.575m/s，凸嘴断面以下随着过水面积的增加，流速约为 0.5 ~0.45m/s。

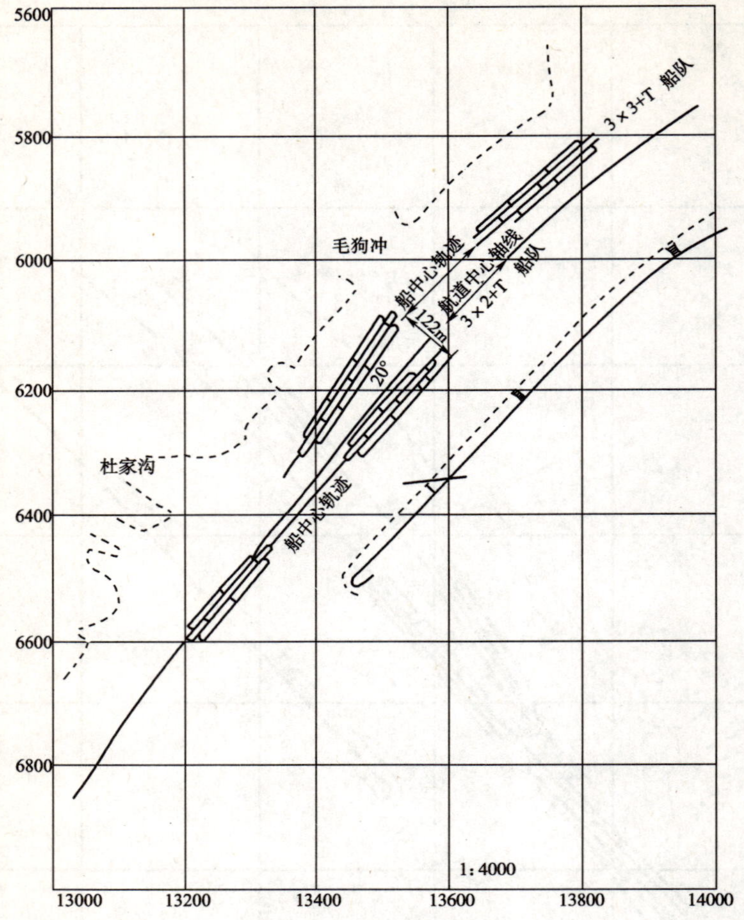

图27　两船平齐时，相对船位及最大占用航宽

(2)过弯道操纵采用常规的驾驶方法，即上水分中操舵沿凸岸上驶，下水初始船位略偏北岸，至弯道上端操舵下驶过弯。

(3)在弯道范围内(以凸岸为中点向上、向下延伸各350m的航距范围内)实测数据如下：

①操用舵角

平均值上驶为15.3°，下驶为17°，因当时直航时压舵角为右4°，经修正实效舵角的平均值上驶为11.3°，下驶为21°，最大值上、下驶均32°(即满舵舵角)。

②平均变向角速度

上驶为0.168rad/s，下驶为0.48rad/s。

③偏航角

平均值上驶为13.8°；下驶为19.3°。

最大值上驶为23.5°(将到达凸嘴的船位)，下驶为39.3°(到达凸嘴数据明显增大，过凸嘴后数据继续增大，#19船位达最大值)。

④横偏距

所有船位的中分点均在弯道中分轴线内侧(即偏凸岸的一侧)。

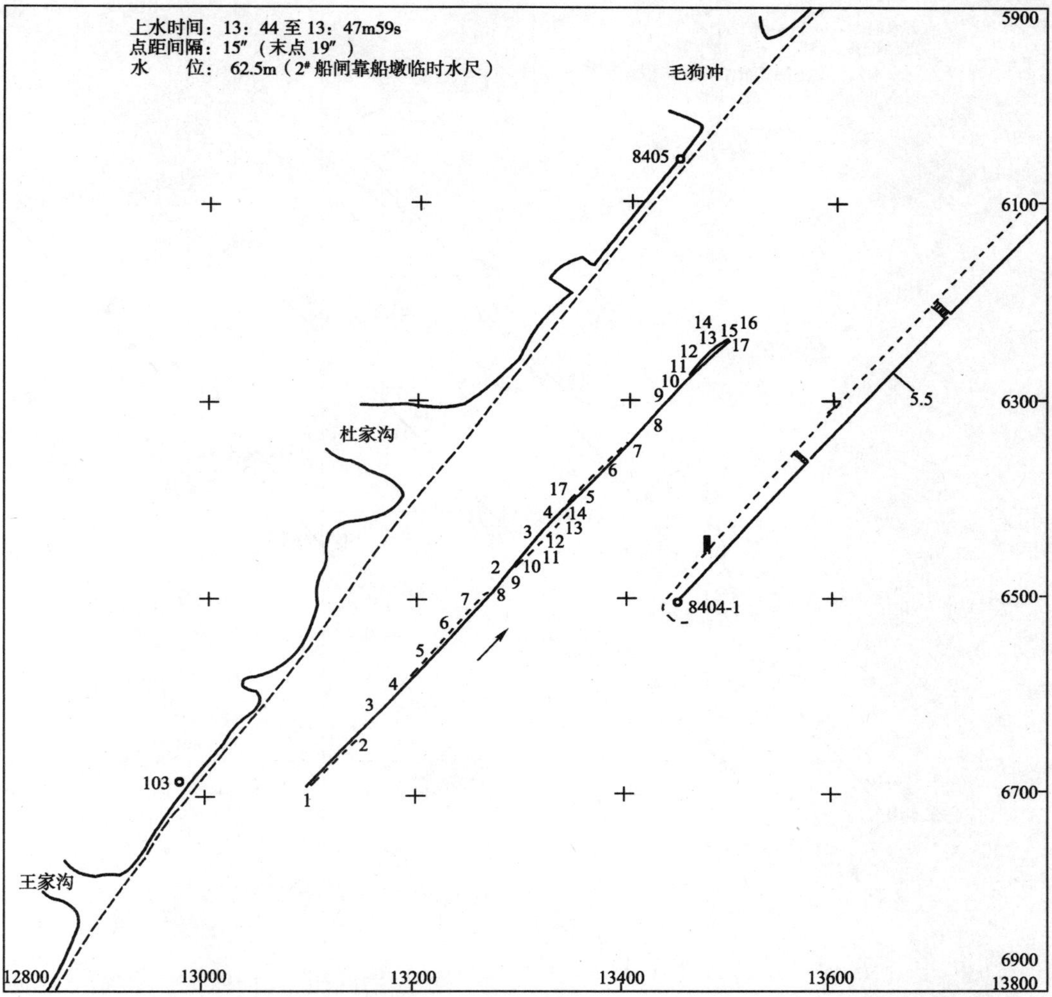

上水时间：13：44 至 13：47m59s
点距间隔：15″（末点 19″）
水　　位：62.5m（2# 船闸靠船墩临时水尺）

图 28　长江 20021 +6×1900t 船队三江上引航道倒车制动冲程下水航迹图

上驶最大值为 56m，最大值和最小值之差为 31.2m。

下驶最大值为 90m，最大值和最小值之差为 61.8m。

(4)水流作用的反映，表现在两个方面：

①对位移的影响

根据矢量分解，在纵向，上驶与船速分量反向，下驶与船速分量同向。在横向，上驶与船速分量反向，下驶在凸岸以上与船速分量相反，但过凸嘴后则与船速分量同向。

②对变向角速度的影响

由实测的平均值与基本性能测得数据比较可知，上驶的助转作用不明显，但下驶时助转作用较明显。

以下分两种情况进行分析：

①对航宽大于船队长度的弯道，如石牌弯道，如果单向通航，利用航宽较大的有利条件，将下驶航线略作调正（例如沿航道轴线下驶），则很明显不仅下驶操用舵角可以相应减小，而且

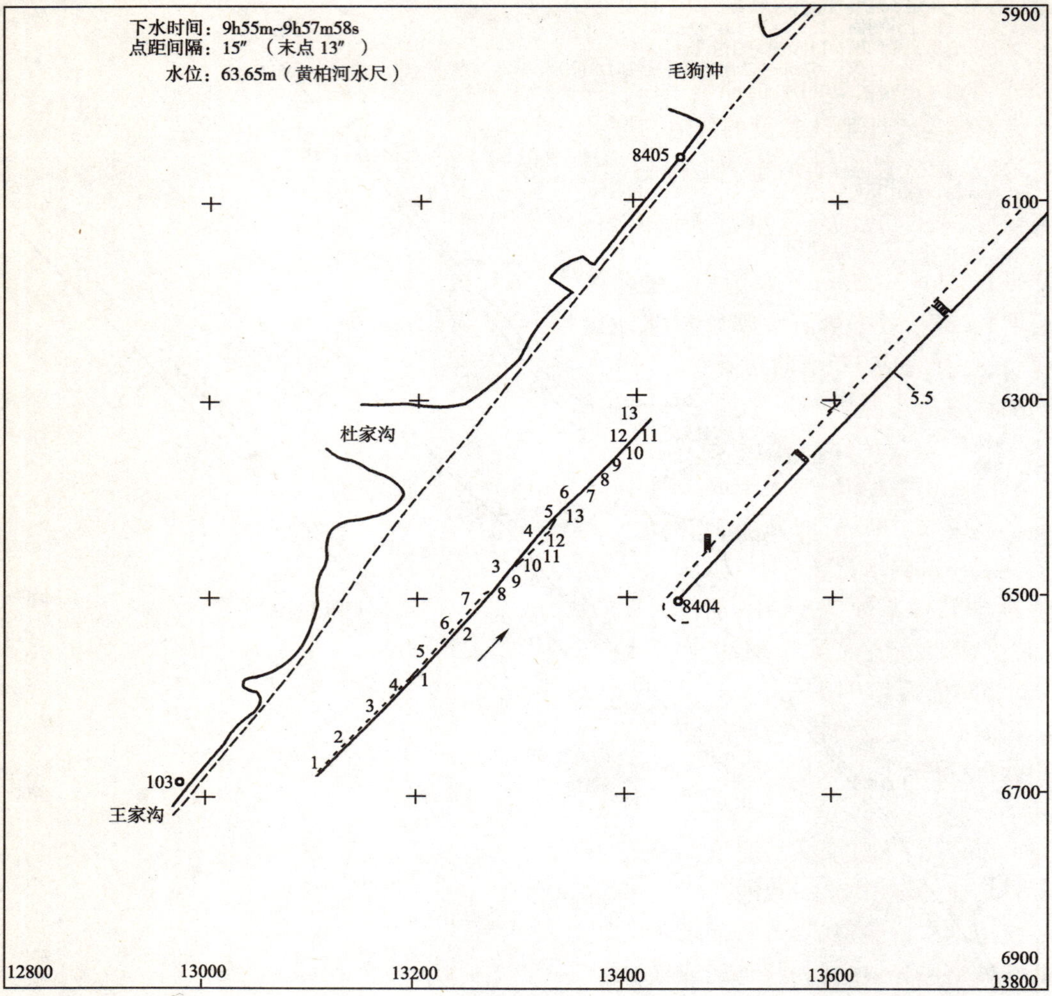

图 29　长江 2021 +9×1090t 船队三江上引航道倒车制动冲程下水航迹图

也不会因操满舵致使过凸嘴后，偏航角继续显著增大。这就是说，在试验的水流条件下，仅只在航线上稍加调整，则九驳船队完全可以顺利地通过急弯；如考虑弯道流速增大至 2m/s，通过测算可知，除调整航线外，在进入弯道前适当控制船速，并提前转向 5°～10°，则九驳船队下驶通过弯道，也是不困难的。

②对航宽小于船队长的弯道，分析如下：

a. 鉴于下驶的平均操用舵角已达 21°（指实效舵角的平均值），而且还操了达 34s 之久的满舵，说明即使在较好的水流条件下，如航道曲率半径为 780m，而航宽无裕度，按常规单向下驶的操纵也是紧张的。

b. 弯曲航道对通过船队的适航要求，除船队长度、宽度分别与航道曲率半径和弯道宽度相适应外，还必须检查船队回转角速度是否满足弯道急弯段转向率的要求，急弯段的转向率数据是随船队通过时对岸速度而异的，对岸速度大，转向率的要求值也大。根据下驶#9 到#13 船位的实测结果计算，船位的航距为 266m（图量与计算相符），实际运行时间为 80s，变向 34°其间的平均变向

角速度为0.452rad/s，如果水流速度取2m/s，则对岸速度为4.75m/s，经过同一航距的运行时间只要56s，完成34°变向角要求的平均角速度为0.607rad/s，为实测数的1.43倍，因此水流速度增大，航宽小于船队长度而航道曲率半径只有780m，则九驳船队是难以通过的。

针对航宽小于船队长度的弯道，其适应试验船队长度的航道曲率半径的取值，可根据下驶过弯道#9～#13船位的实测数值和航行航迹用图解予以计算，由图解可知，船舶运动的平均曲率半径$R_3=\varphi\cdot V\cdot D$（这里$\varphi$为弯向角弧度值，即$\varphi=\frac{34}{57.3}=0.593$，$V$为对岸速度，即$V=2.75+0.575=3.325\text{m/s}$，$D$为相应的弧长，由图量$D=266\text{m}$），如流速增大至$V_C=2\text{m/s}$，设随流速增大，助转效率增值系数为1.08，即随流速增大平均变向角可达0.459rad/s（即1.08×0.425），这样完成34°变向角需要的时间为74s，对应的航距$D_2=74\times4.75V_2=351.9\text{m}$，数据代入图解关系式得

$$R_{32}=\varphi V_2D_2=0.593\times4.75\times351.9=991.2\text{m}$$

航道曲率半径R_C应大于R_{32}，所以当航宽小于船队长度时，满足万吨级船队通过的最小曲率半径应取1000m，即$R_C>3.785L$。

至于在试验水流条件下双向通过万吨级船队对弯道宽度的要求，根据实测数据取值，即偏航角$\theta_{下}=12°$（下驶，#9～#13船位的平均值），$\theta_{上}=6°$（取一般交会的实测偏航角），$\Delta b_3=50\text{m}$（下驶横偏距差值乘以0.81机遇系数），$\Delta d_1=\Delta d_2=0.5B$（即舷岸距），计算结果绝对值为228m，相对值为$7.04B$。

我们根据九驳船队在石牌弯道凸嘴上、下各350m的弯段上航行时所产生漂角β，借助于回归分析，确定了九驳船队上、下水时漂角与曲率半径的关系以及观测数据的95%的可靠区间。

可以得出：下驶船队的漂角大于上驶船队的漂角，说明下驶船队要求较大的航宽，这与国外资料相比，其规律是一致的。

应用本次试验资料，若两个同样尺度和载量的九驳船队进行会船（对驶），船舷间距以及船队与航道边界线之间的距离（或横向位移）按95%的概率计算，对驶会船的需要航宽b，其预测区间为：$6.43B<b<8.71B$，这与上面所给定的$b>1.07B$是吻合的。

五、结论和建议

（一）关于引航道口门宽度及布置

确定引航道口门合理宽度时，除常规因素外，还应考虑船队进口门前难以避免的下滑量、船队进出口门必然伴随的偏航角以及出口门船队防止航线下滑的偏衡量等三个方面的要求。按本次试验结果，口门外流速约2m/s时的口门宽度需$7.9B$（B为船队宽度，下同）。

引航道口门轴线与河道主流轴线夹角过大（如葛洲坝三江下游引航道），是一种不合理的布置方式，不仅需要有较宽的通航水域，而且还造成在较长航距范围内船队受斜流作用，这对船队安全航行极不为利。三峡通航建筑物引航道布置应十分重视这个问题。

（二）关于引航道最小宽度

适应万吨级船队通航的引航道宽度见表8：①当两船队交会时，其宽度为$5.2B$。②当一客稳停，两船队交会时，其宽度为$5.77B$。③当一船队停靠，两船队交会时，为$6.2B$。三峡通航

建筑物设计时,可参照上述不同机遇结合实际布置情况确定。

引航道适应万吨级船队通航的最小尺度 表 8a

序号	尺度类别（针对条件）	最小尺度 绝对值(m)	最小尺度 相对值	计算公式及说明
1	口门宽度 b_E（两船队交会）	255	$7.9B$	表达式:$b_E > 2B' + \sum d_i + \Delta D + \sum_1^3 \Delta b$ (其中 $B' = L\sin\theta + B\cos\theta$; $\sum_1^3 \Delta b_i = \Delta b_1 + \Delta b_2 + \Delta b_3$,下同略) 计算参数:$\theta_{上} = \theta_{下} = 6°$(实测值); $\sum d_i + \Delta D = 52.9$m(实测值); $\Delta b_1 = \Delta b_2 = 0.5$B(常规值); $\Delta b_3 = 1.5B$(内计及流速增至 2m/s 所需增加的一个船宽)
2	引航道宽度 b_{c2}（两船队交会）	168	$5.2B$	表达式:$b_{c2} > 2B' + \sum_1^3 \Delta b_i$ 计算参数:$\theta_{上} = \theta_{下} = 6°$(实测值); $\Delta b_1 = \Delta b_2 = \Delta b_3 = 0.5B$(常规值)
3	引航道宽度 b_{c3}（三线）(a)两船队交会时,一客轮稳停	187	$5.77B$	表达式:$b_{c3} > 2B' + B'_1 + \sum_1^4 \Delta b_i$($B_i$ 为客舱船宽) 计算参数:B'、Δb_1、Δb_3 取值同上, $\theta_{客轮} = 2°$(稳停状态) $\Delta b_2 = 0.3B_1$(稳停状态) $\Delta b_4 = 0.15(B + B_1)$ (系数 0.15 由实测数据分析提出)
	(b)两船队交会时,一船队停靠	201	$6.2B$	表达式:$b_{c3} > 2B' + B + \sum_1^3 \Delta b_i$ (计算参数与序号 2 同)
4	口门到靠船墩前沿最小长度 L_4(按常规操作)	850	$3.2L$	以九驳船队所需的滑行距离加 $0.16L_c$(回流段影响修正数)给出,(滑行距离计算采用的平均阻力 $\overline{R}$ 系根据制动惯性实测结果分析取得)
5	曲线进、出闸调顺段 L_2 的最小长度、引航道直线段最小长度	438~490m 966~1018m	$(1.66\sim1.86)L_c$ $(3.66\sim3.86)L_c$	根据曲线进、出闸实测结果的分析提出。 根据导航段 L_1 和靠船段 L_3 为 $1.0L_c$ 直线段长度 $L = L_1 + L_2 + L_3$

弯曲航道适应万吨级船队通航的最小尺度 表 8b

序号	尺度类别（针对条件）	最小尺度 绝对值(m)	最小尺度 相对值	计算公式及说明
1	弯道宽度 b_B（试航水流条件的两船队交会）	228	$7.07B$	表达式:$b_B > B'_1 + B'_1 + \sum d_i + b_1 + b_1$ 计算参数:$b_1 + b_2 = 0.5B$(常规值) $\theta_{上} = 12°$(实测值) $\theta_{下} = 6°$(考虑稳船,取实测值的 0.6 倍) $\sum d_1 = 61.8 \times 0.81 \times 50$m (下驶实测值乘机遇系数)
2	弯道曲率半径 R（宽度小于船队长,流速 $V_c \approx 2$m/s 单向通航的弯道）	1000	$3.8L$	根据九驳船队过弯道下驶运功轨迹以图解法分析提出并考虑到:$L > b_B > 7.07B$(试验水流条件,双线);$L < b_B < 7.07B$(单线)两种通过状态的需要

(三)关于引航道直线段长度

根据曲线进闸和曲线出闸两种运行方式,在低速运行的条件下,调顺段最小长度 $L_2=(1.66\sim1.86)L_c$,引航道直线段长度应不小于$(3.66\sim3.86)L_c$。

(四)关于船队进引航道制动段长度 L_4

按进口门时的常规操作程序,L_4 的最小长度约为 $3.2L_c$,其中有 $1.0L_c$ 可以与靠船段共用。

(五)弯曲航道通航万吨级船队的航道尺度

见表 8b:(1)在试验水流条件下,两船队交会所需航宽为 228m,合 $7.07B$。(2)当流速增至 $V_c\approx2$m/s,而 $4B\leqslant b_B<7.07B$ 时($b_B<L$),单向通航所需航道曲率半径为 1000m,合 $3.8L$。试验计算表明:在曲率半径不足时,可用加大航宽来弥补,但是,当航宽小于船队长度时,所需曲率半径应得到保证。试验结果可作为三峡工程中弯曲航道设计、整治以及论证的依据。

研究结果鉴定意见

(一)为确定三峡工程船闸引航道和中间渠道尺度及两坝间航道弯曲半径,选用万吨级船队在葛洲坝三江航道、船闸和石牌弯道进行实船试验是正确和必要的。

(二)实船试验经过长时间周密安排和充分准备,保证了试验测试安全、准确及试验计划实施。试验是在长江枯水流量 4200m^3/s 左右,流速 0.5m/s 左右,风速 4m/s,白天,试验船队由总船队操纵等优良条件进行的。试验前先作船队基本性能测试,然后进行实船试验,技术路线正确,采用的试验参数可靠,有很好的相似性。研究结果数据可信,文件齐全,图表准确,达到了合同规定的任务要求和指标。

(三)我国尚无万吨级船队过闸的先例,坝上主航道也没有万吨级船队航行实践经验,因此,难度很大。通过在葛洲坝三江航道、船闸和石牌弯道的万吨级船队实船试验,取得了大量的数据和丰富的成果,为三峡工程船闸引航道和中间渠道尺度、船闸布置及两坝间航道弯曲半径等的确定,提供了科学数据,首次为万吨级船队过闸进川航行操作提供了经验;对分析船队过闸和安全航行的基本要求及航行技术的提高都具有重要的参考价值和指导意义,已为三峡工程可行性论证所采用,研究成果具有国际先进水平。

(四)鉴于三峡工程坝上、下游航道通航条件复杂,建议"八五"期间再进行较大流量时的万吨级船队过闸试验和渝汉间的航行试验。

鉴定委员会名单

主 任 委 员　王作高

副 主 任 委 员　岑毅生

委　　　员　王国扬　涂启明　顾永怀　梁贡生　黄唐生

董士镛　陈顺玉　赵德成　蔡庆麟　邢国江

1991 年 1 月 7 日

京杭运河实船试验过闸试验报告

周明镜

（研究员）

一、370 马力推轮顶 2×300t 驳队过淮沭船闸试验

1. 试验日期及水文气象

试验于 1978 年 12 月 13 日上午 9:00～11:00 进行，当时气象条件为：

天气：晴

风向：西、西北西

风速：1.7～2.2m/s

水位：上游 10.83m，下游 8.45m

2. 试验船队

船队由赣推 0301 轮一列式正顶 2 艘长江中下游干—支直达 300 吨级通用半分节驳组成，编队形式如下：

赣推 0301 轮 | 赣分节 303 | 赣分节 304

主尺度及主要参数见表 1。

表 1

	总长(m)	总宽(m)	吃水(m)	载量(t)	功率(马力)
推轮	21.6	7.8	1.3	/	370
驳船	35.2	9.2	1.45	340	/
船队	92.0	9.2	/	680	370

赣推 0301 轮为新设计的长江中下游干—支直达推轮，它采用了导流管、襟叶舵、倒车舵、液压舵机等先进技术，推进、推操等性能均较我国现有内河拖推轮有较大提高。

3. 试验船闸

试验在淮沭船闸进行，淮沭船闸位于淮沭新河与运河交汇处，其平面及测量标志布置见图 1。

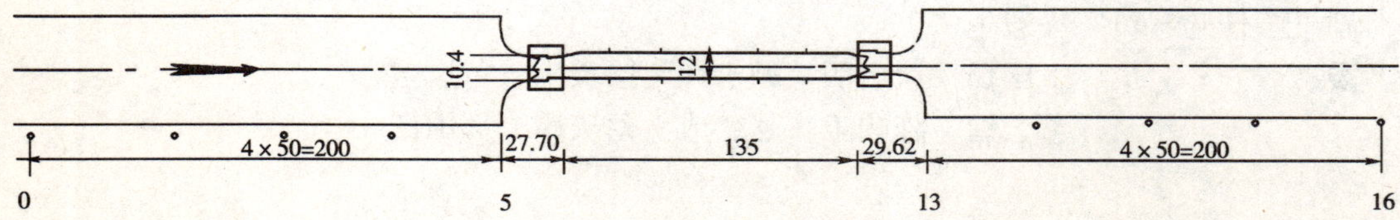

图 1　淮沭船闸平面尺寸及测点布置示意图

船闸尺度及其与试验船队之关系为：

闸室长度	135m
闸室宽度	12m
闸室宽度	10.4m(拆除0.4m护木后)
闸坎水深(设计)	2.5m
闸坎水深(上坎实际)	3.33m
闸坎水深(下坎实际)	3.45m
闸坎水深与船舶吃水的比值	2.35～2.46
断面系数	2.69～2.79
富余宽度	0.6m(每边)(闸室内每边1.4m)

4.测试概况

测试共进行2次，第一次由上游进闸，从0号标杆开始记录，直到船尾下游16号标杆止。第2次由下游进闸，从16号标杆开始记录，直到船尾出0号标杆止。主要记录了用车，用舵情况以及进出闸时间、速度。此外，还测量了船舶进出闸时的下沉量，因测试方法不完善，记录的数据不一定反映实际情况，测量最大下沉量为230mm。

5.试验结果

试验结果主要为车、舵记录及进出闸时间、速度，分列于表2和表3。

用车、用舵记录表

表2

顺序	方　　向	正车舵		倒车舵		用车情况		停车至停船时间
		用舵次数	最大舵角	用舵次数	最大舵角	顺车	倒车	
1	由上游进闸	43	左40°	0				
2	由下游进闸	40	左20°	0				
3	向下游进闸	38	左12°	1	左16°			
4	向上游进闸	35	左20°	0				

进出闸时间、速度表(第1、2/3、4次)

表3

序号	项目名称	距离(m)	时　间	平均速度(m/s)
1	船首自0号标杆至闸门	222.2/222.1	2′51″/2′41.17″	1.29/1.38
2	船首自闸门至在闸中停止	95.9/99.46	2′39.7″/2′32.43″	0.6/0.65
3	船首自0号标杆至在闸中停止	318.1/321.56	5′30.7″/5′13.6″	0.96/1.03
4	关闭闸门		1′33″/1′37″	
5	放水		5′55″/6′	
6	开闸门		2′/2′	
7	动车		2′30″/1′25″	
8	船尾自停止至闸门处	120.36/112.79	2′45.8″/2′36.6″	0.74/0.72
9	船尾自闸门处至16号标杆	222.1/222.2	2′12.2″/2′21.8″	1.58/1.57
10	船尾自停止至16号标杆	342.46/334.99	4′58″/4′58.4″	1.15/1.12
11	进出闸总时间		22′26.7″/21′14″	
12	进出闸总距离	660.56/656.55		
13	进出闸总平均速度			1.05/1.07

二、370 马力推轮顶 6×300t 驳队过刘老涧船闸试验

1. 试验日期及水文气象

日期:1978 年 12 月 17 日下午~18 日上午

天气:晴~阴

风向:东~东北

风速:4.5~6.1~8.4m/s

水流:基本静水

水位:上游 18.02m,下游 16.1m

2. 试验船队

试验船队由鄂航 309 轮(或赣推 0301 轮)顶 6 艘长江中下游干—支直达通用半分节驳组成,编队形式如下:

赣航 309	赣节 308	赣节 301	赣节 302
	鄂节 318	赣节 304	赣节 303

主尺度及主要参数见表 4。

表 4

	总长(m)	总宽(m)	吃水(m)	载量(t)	功率(马力)
推轮	21.6	7.8	1.3	/	370
驳船	35.2	9.2	1.3~1.45	300~340	/
船队	127.2	18.4	1.45	1960	370

3. 船闸

试验在刘老涧新闸进行,其位置于运河宿迁以下 20km 处,平面布置及测量标志布置见图 2。

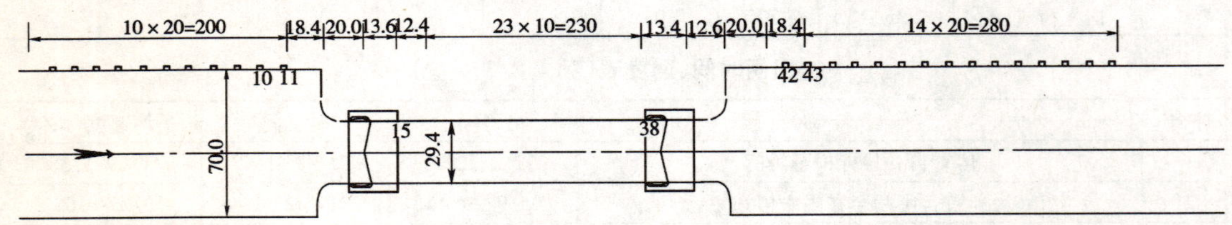

图 2　刘老涧船闸平面尺寸及测点布置示意图

船闸尺度及其与试验船队之关系为:

闸室长度　230m

闸室有效长度　215m(扣除静段 15m)

闸门宽度　20m

闸室宽度　20.4m(去掉 0.4m 护木后)

闸坎水深　上坎 5.02m,下坎 5.6m

船闸断面积　上坎 100.83m^2,下坎 114m^2

断面系数　上坎 3.88m,下坎 4.42m

闸门每边富余宽度　0.8~0.6m

4. 测试概况

刘老涧船闸试验共进行了 4 次,1 ~3 次于 17 日下午进行,船队总宽为 2 ×9.2m = 18.4m,闸门每边富余宽度为 0.8m,当时,因下闸首桥段没有吊起,推轮无法通过(净空高度不够),故将赣推 0301 轮从上闸首先进闸内,鄂航 309 轮推六驳进闸,而赣推 0301 轮则顶六驳出闸,因此没进行充、泄水及启闭闸门等项测试。第四次于 18 日上午进行,船队队形不变,但驳队中间加了六只 40cm 宽的方箱,故船队总宽为 18.8m,闸门每边富余宽度为 0.6m,原计划进行 3 ~4 次进出闸全过程测试,由鄂航 309 轮顶六驳进行了一次试验后,因故障而停止。

5. 测试结果(表 5 和表 6)

用车、用舵记录表

表 5

顺序	方 向	正车舵		倒车舵		用车情况		停车 ~ 停船时间
		用舵次数	最大舵角	用舵次数	最大舵角	顺车	倒车	
1	由上游进闸	35	左 35°右 29°	7	右 40°	常用进一、进三 1 次	8 次	1′17″
2	向上游出闸	24	左 26°	0	0	双进一	0	
3	由上游进闸	42	左 40°右 40°	1	0	常用进一、进三 1 次	11 次	38″(双倒 ~ 停)
4	向上游出闸	21	左 24°	0	0	进一、进二 2 次	0	
5	由上游进闸	30	左 40°右 40°	0	0	进一	1 次	14″(双倒 ~ 停)
6	向上游出闸	24	左 21°	0	0	双进一、进二 1 次	0	
7	由上游进闸	38	左 40°右 40°	1	40°	进一、进三 2 次	5 次	24″(双倒 ~ 停)
8	向下游出闸	45	左 40°右 40°	1	40°	进一、进三 1 次	2 次	

进出闸时间、速度表

表 6

序号	试验序号 / 项目	1			2			3			4		
		时间	距离 (m)	平均速度 (m/s)	时间	距离 (m)	平均速度 (m/s)	时间	距离 (m)	平均速度 (m/s)	时间	距离 (m)	平均速度 (m/s)
1	船队首自靠船墩至闸门	2′32″	82	0.541	3′50.4″	112	0.488	1′27.4″	52	0.595	6′12″	252	0.68
2	船队首自闸门至在闸中停止	6′22″	135.4	0.355	5′30.6″	159.6	0.482	4′42.6″	163.9	0.578	7′46.3″	154	0.331
3	船队首自靠船墩至在闸中停止	8′54″	217.4	0.406	9′21″	271.6	0.466	6′10″	215.9	0.58	13′58.3″	406	0.488
4	关闭闸门										3′30″	—	—
5	放水										6′25″	—	—
6	开启闸门										2′0″	—	—
7	船队尾自停止点至闸门	4′32.4″	179	0.66	4′25.5″	182.4	0.685	4′27.8″	183.4	0.685	8′55.6″	223.4	0.417
8	船队尾自闸门至靠船墩	46.6″	52.4	1.12	42″	52	1.24	39.9″	52	1.30	1′14.4″	46.6	0.63
9	船队尾自闸中停止点至靠船墩	5′19″	231.4	0.729	5′7.5″	234.4	0.765	5′7.7″	235.4	0.765	10′10″	270	0.442
10	过闸总时间	14′13″	—	—	14′28.5″	—	—	11′17.7″	—	—	36′3.3″	—	—
11	过闸总距离	—	448.8	—	—	506	—	—	451.3	—	—	676	—
12	过闸平均速度	—	—	0.525	—	—	0.585	—	—	0.67	—	—	0.466

三、试验结果初步分析

这次实船试验，因受一些条件的限制没能完全按原计划进行，如船闸富余长度、船队在过闸时的下沉量等。没能测得较为满意的数据，现就船队的控制能力、富余宽度等项分析如下：

1. 关于过闸船队的控制能力

船队的控制能力主要取决于船队载量与功率之比，这次试验用相同的推轮做了大小两个队形的过闸试验，即370马力顶2×300t过淮沭船闸，每马力顶推量1.84t以及370马力顶6×300t过刘老涧新船闸，每马力顶推量5.3t，在两边富余宽度同为0.6m时，其过闸总平均速度分别为1.06m/s及0.466m/s，大船队的过闸速度仅为小船队的44%，说明船队的控制能力是影响过闸速度及富余宽度的主要因素之一。

2. 关于富余宽度

在刘老涧新闸，用相同的船队（功率及载量是不变）做了二种不同宽度的过闸试验，从试验可以看出，富余宽度减少0.2m（每边），对船队过闸影响较大，主要表现在：

（1）困难度增加，用舵频繁

从表5可见，富余宽度为0.8m时（即序号为1~6），每进出闸一次，用舵次数平均为61.3次，富余宽度为0.6m时，每进出闸一次，用舵次数为85次，次数显著增加。

（2）进出闸速度降低：

影响船队进出闸速度的因素比较复杂，其中主要是富余宽度，驾驶人员的操作熟练程度以及风向、风力、能见度等等。关于驾驶人员的操作熟练程度对过闸速度的影响，这次试验十分明显，富余宽度为0.8m时，第1~3次试验的平均过闸速度分别为0.525m/s、0.585m/s、0.67m/s，当然速度的提高不可能是无止境的，但趋势是显而易见的。

为了比较的方便，兹取两种不同富余宽度的进出闸速度列表（表7），富余宽度为0.8米时的速度取其三次平均值。

表7

序号	项目 \ 富余宽度	富余宽度为0.8m时	富余宽度为0.6m时	速度增加（或降低）百分数
1	船队首自靠船墩至闸门速度	0.541	0.68	+26
2	船队首自闸门至在闸中停止速度	0.472	0.331	-30
3	船队首自靠船墩至在闸中停止速度	0.484	0.488	+8
4	船尾自闸中停止至闸门速度	0.678	0.417	-38
5	船尾自闸门至靠船墩速度	1.22	0.63	-48
6	船尾自闸中停止至靠船墩速度	0.753	0.442	-41
7	船队平均过闸速度	0.593	0.466	-21

表7中1、3二项，速度增加，其原因主要在第一项，因为“0.6米”船队起航距离（即从靠船墩~闸门）约为“0.8米”船队（平均）的3倍，这就使进闸速度加快，这与第二项对比分析，就更明显，说明若起航距离相同，则“0.6米”船队的进闸速度应比“0.8米”船队慢。

考虑到18日风速比17日大，进闸应困难一些，但船员过闸熟练程度已有所提高，综合这些因素，仍取表中平均过闸速度，则“0.6米”船队的过闸速度要比“0.8米”船队慢21%。

京杭运河分节顶推船队速率、下沉试验报告

周明镜

（研究员）

一、京杭运河船队速率、下沉实船试验

1. 目的

京杭运河规划航道尺寸为底宽70m，水深不小于4m，边坡1∶3。淮申煤运专线淮河段航道最窄处为80m，浅滩水深不小于3m。根据以上航运规划，对800马力推轮顶四艘千吨驳双排列编队和370马力推轮顶两艘千吨驳双排一列编队航行的适应性和其经济效果进行试验比较，并提出以上船队在实际营运中的可能性。

2. 试验航段的选择

京杭运河苏北段已多年未加修整，河床淤积和边坡变化极大，而人工运河船试验应尽可能地选择与规划尺度一致或略相似的河段进行。经初步踏勘认为，淮安～淮阴间29km一段较平直，水深不小于4m，航运断面虽不规则，但还是较好的河段，故本试验选在该段的淮阴大桥以南至淮安船闸以北约16km一段进行试验。

3. 试验方法、仪器设备及现场布置

试验方法采用设岸标测船队航速，同时用测功仪测出主机相应转速与轴马力，用水准仪和经纬仪同时测出船身下沉，得到不同航道断面系数下的不同速率与船身下沉量之间的关系。

根据这一要求，沿运河岸设置四个测试段，每测试段为1000m，测试段之间的船队变速过渡稳定段不小于1000m。在每测试段两端设红白间隔长杆标二根，使之垂直于航道，在每一测试段选择有利地形架设经纬与水准仪各一台，测船队甲板上首尾垂直于甲板的固定水尺，在测试前船队静止状态下测甲板上固定水尺的基点并用风速风标仪测出该地区的风向与风力。在整个测试进行中船岸统一指挥，船队与岸上四个测点，驾驶台与甲板和机舱联系用对讲机和高音喇叭进行联系，以统一行动。

4. 试验成果及分析

(1)第一次试验，驳船吃水为2m时：

时间：1978年12月4日下午

天气：晴，风向NE45°，风力1～2级(2.9～3.7m/s)

水域：淮阴桥下至淮安新运河段

航向：淮安至淮阴

航运尺度标准为：底宽70m，边坡1∶3

流速：0m/s

试验时水温:5.75～6.25℃

试验段水深(平均值):见表1

单位:m　　表1

<table>
<tr><th colspan="2">测速段(1000m 长)</th><th colspan="2">Ⅰ</th><th colspan="2">Ⅱ</th><th colspan="2">Ⅲ</th><th colspan="2">Ⅳ</th></tr>
<tr><td>推轮左舷</td><td rowspan="2">淮阴至淮安</td><td>4.6</td><td rowspan="4">4.2</td><td>4.6</td><td rowspan="4">4.6</td><td>4.7</td><td rowspan="4">4.9</td><td>5.3</td><td rowspan="4">5.1</td></tr>
<tr><td>推轮右舷</td><td>4.1</td><td>4.9</td><td>4.6</td><td>5.0</td></tr>
<tr><td>推轮左舷</td><td rowspan="2">淮安至淮阴</td><td>3.9</td><td>4.3</td><td>5.8</td><td>4.9</td></tr>
<tr><td>推轮右舷</td><td>4.3</td><td>4.7</td><td>4.6</td><td>5.4</td></tr>
</table>

注:水深结果为南通轮船公司生产的浅水测深仪测得数据加测头沉深0.3m所得。

船舶主尺度:

①长江“810”推轮(改建后)

总长:33.5m　　主机:2×6300

型宽:7.6m　　额定功率:2×400马力

吃水:2.3m　　额定转速:400r/min

②1000吨级半分节无人驳

总长55.0m

型宽:10.6m

试验时平均吃水:2.0m

船队浮态如下:

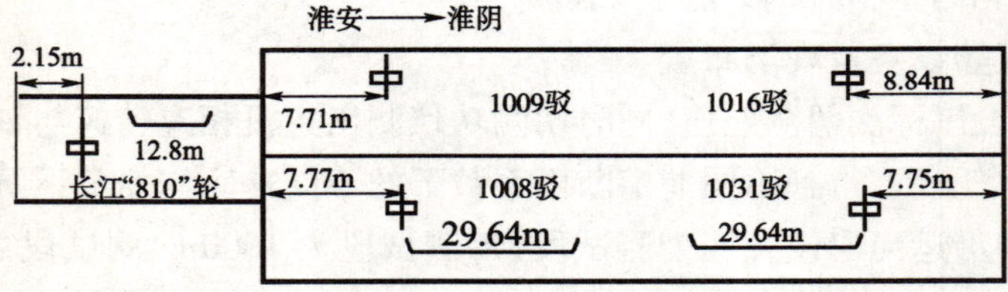

图例:中 标尺，U形管

推轮顶推位置稍偏右，编队采用短缆系结

各船舶吃水:见表2

表2

船　名	艏		舯		艉	
	左	右	左	右	左	右
1008驳	2.01	1.96	2.12	2.03	2.18	2.2
1037驳	2.04	2.02	2.15	2.03	2.15	2.10
1009驳	2.01	2.06	2.06	2.11	2.19	2.26
1016驳	2.22	2.22	2.12	2.06	2.05	1.97
长江“810”	1.90	1.90			2.24	2.24

注:此表为12月5日上午泵水压载前测得的吃水值。因船上水尺不准确,吃水由干舷甲板边至水面反求值,设计船深为3.5m,艏水尺处边线高4.10m,艉水尺处边线高为3.95m。

800 马力顶推四驳速率、下沉量试验结果见表 3 和图 1 ~2,驳船平均吃水 2.0m。

1978 年 12 月 4 日下午　淮安—淮阴新运河段　表 3

测速段	平均水深(m)	水深吃水比 H/T	静水航速(km/h)	主机转速 RPM	尾轴马力 SHP	平均断面系数 N	下沉量(m)	纵倾值(m)
I	4.0	2.0	9.55	左 353 平均 353.5 右 354	左 390 总 833 右 443	6.6	首驳 0.16,0.18 尾驳 0.17,0.22 “810” 0.14	基本平浮
II	4.5	2.25	8.92	左 323 平均 322 右 321	左 303 总 641 右 338	8.3	首驳 0.14,0.17 尾驳 0.17 “810” 0.07	基本平浮
III	4.5	2.25	8.06	左 272 平均 273.5 右 275	左 169.5 总 381.5 右 212	8.6	首驳 0.10 尾驳 0.105 “810” 0.015	基本平浮
IV	5.0	2.5	7.06	左 224 平均 221 右 218	左 93.2 总 192.2 右 99	14.8	首驳 0.04,0.06 尾驳 0,0,02 “810” 0,0.04	基本平浮

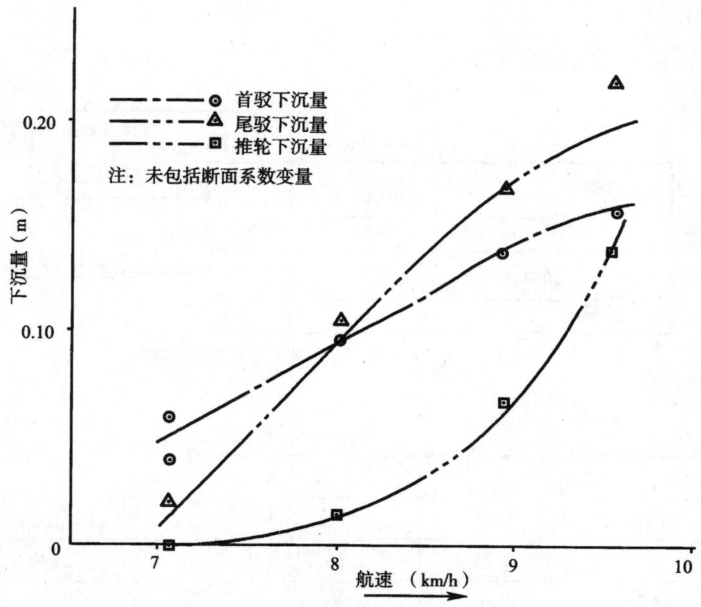

图 1　船队下沉量与航速关系曲线

(2)第二次试验　驳船吃水为 2.4m 时:

时间:1978 年 12 月 8 日下午

天气:晴,风向:北到北北西,风力 1 ~2 级(2.7 ~3.8m/s)

水域:淮阴大桥下至淮安新运河段

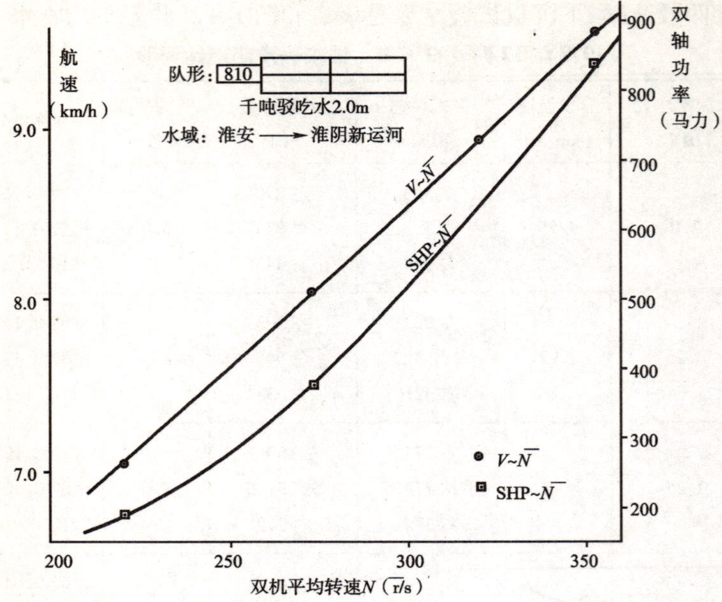

图2 船队航速、功率与转速关系曲线

航向:淮阴至淮安

流速:0m/s

试验时水温:9～13℃

船舶主尺度:同第一次试验(略)

船队浮态如下:

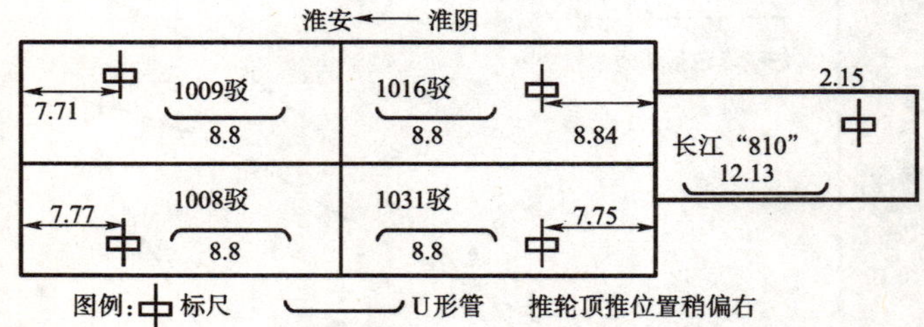

各舯舶吃水:见表4

单位:m　　表4

船　名	艏		舯		尾	
	左	右	左	右	左	右
1008 驳	2.35	2.29	2.36	2.36	2.40	2.40
1031 驳	2.26	2.30	2.36	2.45	2.51	2.57
1009 驳	2.45	2.47	2.39	2.42	2.41	2.40
1016 驳	2.33	2.55	2.34	2.58	2.42	2.59
长江“810”	1.90	1.90			2.24	2.24

注:此表为12月8日上午11时测试前测得的吃水值。因水尺不准确,吃水均由主甲板边线至水面的干舷反求。设计舯深为3.5m,艏水尺处边线高4.10m,艉水尺处边线高3.95m。

800 马力顶推四驳速率、下沉量试验结果见表 5 和图 3 ~4，驳船平均吃水：2.4m。

1978 年 12 月 8 日下午　淮阴—淮安新运河段　　表 5

测速段	平均水深(m)	水深吃水比 H/T	静水航速(km/h)	主机转速 RPM	尾轴马力 SHP	平均断面系数 W	下沉量(m)	纵倾值 +首倾 -尾倾 (m)
I	4.00	1.67	7.79	左 345 平均 343.5 右 342	左 391.6 总 808.3 右 416.7	5.5	首驳 0.12，0.12 尾驳 0.15，0.18 “810” 0.09，0.09	+0.036 -0.062 0
II	4.51	1.88	7.51	左 320 平均 321.5 右 323	左 307.6 总 653.2 右 345.6	6.9	首驳 0.14，0.17 尾驳 0.18，0.22 “810” 0.10，0.11	+0.025 -0.042 0
III	4.51	1.88	7.02	左 266 平均 269 右 272	左 175.6 总 379.6 右 204.0	7.2	首驳 0.09，0.12 尾驳 0.10，0.11 “810” 0.01，0.03	+0.012 -0.025 0
IV	4.99	2.08	6.43	左 222 平均 224 右 226	左 100.0 总 217.5 右 117.52	12.3	首驳 0.03，0.03 尾驳 0.02，0.02 “810” 0.01，0.03	0 -0.018 0

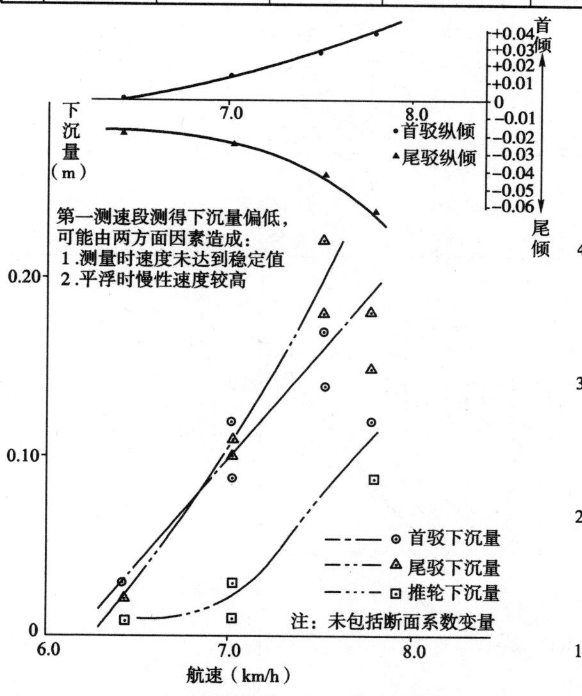

图 3　船队下沉量与航速关系曲线

航速、马力与转速关系曲线

SHP总

航速 V（公里/时）

V~N

SHP~N

转速N（r/min）

图 4　航速、功率与转速关系曲线

（3）第三次试验：驳船吃水 2.4m

时间：1978 年 12 月 10 日下午

天气：晴，风向 NE15°，风速 3.1 ~5.6m/s（阵风达 8.5m/s）

水域：淮阴桥下至淮安新运河段

流速：0m/s

试验水温：6℃

船舶主尺度：

主机：2×6160　功率：2×185 马力　额定转速 750RPM

采用导管螺旋桨推进，均右旋后为襟翼舵，前设倒车舵 1000t 分节驳(略)

船队浮态如下：

309	1031 驳	1008 驳

吃水 1.35

370 马力顶推 2×1000t 驳速率试验结果，见表 6 和图 5。驳船平均吃水 2.4m。

1978 年 12 月 10 日下午　淮阴—淮安新运河段　　表 6

测速段	平均水深 (m)	水深吃水比 *H/T*	静水航速 (km/h)	主机转速 RPM	尾轴马力 SHP	平均断面系数 *N*
I	4.00	1.67	9.30	左 688 平均 756 右 824	左 128.1 总 290.3 右 162.2	11.0
II	4.51	1.88	9.13	左 688 平均 683 右 678	左 127.2 总 236.4 右 109.2	13.8
III	4.51	1.88	9.00	左 636 平均 643 右 650	左 101.83 总 197.5 右 95.7	14.4
IV	4.99	2.08	8.81	左 596 平均 601 右 606	左 84.1 总 162.8 右 98.7	24.6

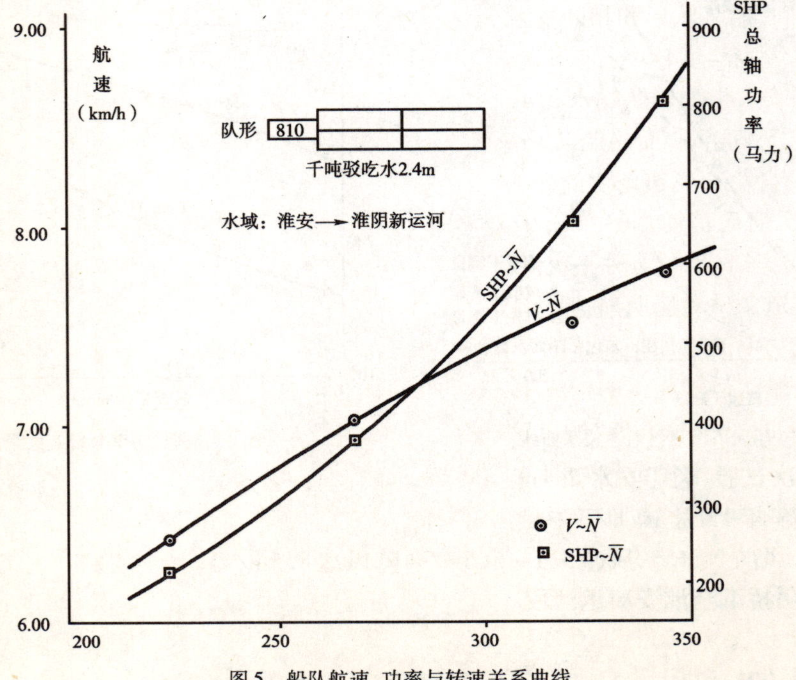

图 5　船队航速、功率与转速关系曲线

二、初步分析意见

对以上试验资料的归纳与初步分析：

（1）当水深 H 为4m时，驳船吃水由2m增加为2.4m，由于增加了吃水，航道过水断面系数由6.6减少到5.5，航道水深与船舶吃水比 H/T 值由2降到1.67（未考虑加载因素），则船队航速由9.55km/h降到了7.79km/h，约降1.6km/h。

（2）当水深 H 为4.5m时，驳船吃水由2m增加为2.4m，由于增加了吃水，航道过水断面系数由8.3减少到6.9，H/T 值由2.25降到1.88（未考虑加载因素），则船队航速由8.92降到了7.51km/h，约降1.4km/h。详见表7。

表7

试验队形	试验时船队功率（马力）	试验时主机转速（r/min）	试验段平均水深（m）	H/T 比值	N 值	V km/h	航速 V 降低值
	833/808	353.5/343.5	4	2/1.67	6.6/5.5	9.55/7.79	1.76
同上	641/653.2	322/321	4.5	2.25/1.88	8.3/6.9	8.92/7.51	1.41
同上	381.5/379.6	273.5/269	4.5	2.25/1.88	8.6/7.2	8.06/7.02	1.04
同上	192.2/217.5	221/224	5	2.5/2.08	14.8/12.3	7.06/6.43	0.53

经初步分析认为：

（1）同一船队队形和相同功率条件下，仅仅由于增加船舶吃水，减少船航道富余水深而使得 N 值与 H/T 值的减小，最后必然导致船队航速降低（航速降低还有加载因素）。例如：表7航速降低最多的约1.7km/h。

（2）在同一船队队形和相同吃水变化情况下，随着 N 值与 H/T 值的增加，虽船队功率减小，但航速受影响程度较小。

例如：在表7中如船队吃水2.4m，当船队功率为808马力，$N=5.5$，$H/T=1.67$ 条件下，船队航速 $V=7.78$km/h。而当船队功率为653.2马力，N = 6.9，$H/T=1.88$ 条件下，船队航速 $V=7.51$km/h。由于航道条件的改善，船队功率减少144.8马力，而航速仅降0.27km/h。又如当 $N=7.2$（河面稍加宽一点），$H/T=1.88$，船队功率 = 379马力，减少了429马力，则航速 $V=7.02$km/h，与808马力时比较，仅降低0.76km/h。

因此，航道条件对船队航速影响是显著的，或者说，当航道条件不好时，想提高1km/h的航速，其主机功率的增加是显著的。由此而导致增加的营运成本也将是显著的。在我国当前情况下，内河船队运输成本的构成中，船舶燃润料油费约占成本的20% ~40%，船舶折旧和修理费约占成本的40% ~50%，所以，如条件许可（自然条件与经济条件）应尽可能地改善航道通航条件，为船舶运输创造较好的营运条件，以减少营运开支，增加积累。

此次实船试验特别增加了一项一推两艘千吨驳一列式顶推试验：

（1）$H=4$m，$H/T=1.67$，$N=11$ 情况下，当鄂航309推轮（主机功率2 × 185马力）平均756r/min时，双机总功率为290马力，船队航速为9.3km/h。与800马力推四驳双排双列编队在同样条件下（$H=4$，$H/T=1.67$）比较，由于 N 值为11比5.5大大改善，以及一列式队形阻力较小，因而节约了110马力，航速却提高了1.5km/h。或者说，前者每马力负荷5.4t，后者每

马力负荷 5t，但前者航速却比后者提高 1.5km/h。

（2）$H=4.51$m，$H/T=1.88$，$N=13.8$ 情况下，当鄂航 309 轮主机平均 683r/min 时，双机总功率为 236.4 马力，船队航速为 9.13km/h。与 800 马力推四驳双排双列编队在同样条件下（$H=4.5$m，$H/T=1.88$）比较，由于 N 值 13.8 比 6.9 大，改善了航道条件，以及采用一列式队形阻力较小，因而节约 90 马力，航速却提高了 1.62km/h。

三、结语

（1）不能认为当航道水深由 4m 提高到 4.5m 时，在同样船队情况下，H/T 由 1.67 提高到 1.88，N 值由 5.5 提高到 6.9 用 650 马力推轮即可达到 7.51km/h 的航速，比用 808 马力推轮达到 7.79km/h 的航速合理，因为本试验是在直航段中而且是在断航不允许小船通过情况下进行的，同时风级仅为 1～2 级，条件较为特殊，而实际营运中不仅有较大的风浪和很多的小船通过，而且船队还要通过弯道和进出船闸。试验证明，船队必须有足够的控制能力（即有足够的富余功率），以保证航行安全。

（2）采用 370 马力推二艘千吨级驳比 800 马力推四艘千吨级驳优越，除了所需功率，航速快之外，它要求航道条件较低，在实际营运中，尤其在船舶密度大的河流上是可能的，如在苏北运河航行，不仅航行上较一顶四驳安全，而且航道整治投资也不多即可实现通航，为考虑船队控制风浪、转弯、过闸能力，建议进一步研究采用 450～500 马力的推轮顶推两艘千吨驳一列式编队的合理性。

（3）船队下沉量不大，800 马力推轮推四艘千吨驳双排双列编队满速前进，当航速达到 9.55km/h时，水深为 4m，$H/T=2$，N＝6.6 情况下，由于螺旋推进器抽吸而产生回流作用，使水位下沉而导致船舶下沉的量并不显著；首驳下沉 16～18cm，尾驳下沉 17～22cm，推轮下沉 14cm。9.55km/h 的航速属低速，在低航速情况下测试的船队下沉状况是符合一般下沉规律的。据西欧有关资料记载，船队航速在 9km/h 时，船队下沉为 1/3m。

（4）运河多年未修整，河岸的边坡很不规则，早已失去梯形断面的形状，如果加以修整使其基本恢复原来面貌，不管是 800 马力推四驳双排双列编队或 370 马力推二驳一列式编队，其航速都将比本试验结果有所提高。

（5）如果运河中没有民用小船、地方小船队行驶，则在运河 70m 底宽，水深 4m，边坡 1∶3的航道中，行驶 800 马力推四艘千吨驳双排双列编队的船队是可能的，但在我国具体历史条件下，近期，甚至远期取消密度很大的民船和小型拖驳船队将是不可能的，相反随着农业运输的发展，地方小船、家用船还会有所增加，就当前运河船舶密度现状，即令航道达到标准尺度，800 马力一顶四驳的船队是无法实际营运，因此，建议在京杭运河干线上研究采用 450～500 马力推轮顶推二艘千吨分节驳一列式编队的合理性。

引航道口门区水流条件试验研究

张仲南

（教授级高级工程师）

一、前言

随着我国水利水运事业的发展，过船建筑物（船闸、升船机）已成为通航河流上水利枢纽的主要组成部分。为了引导过闸（过机）船队安全通畅进出闸（机）室，需要在船闸（升船机）上、下游设置引航道。引航道的平面轮廓和尺度应保证通航期内各类过闸船队（舶）能畅通无阻，安全行驶。一般说来，引航道内水流基本为静水。当船队（舶）从较开阔的动水水域进入相对狭窄的静水水域，或由静水的引航道进入有一定流速的河道或运河时，在引航道口门必然形成一段由动水向静水或由静水至动水的过渡过段。在动静水交界的过渡段里，将会产生横流、回流等不利的流态，将对船队（舶）进出引航道造成困难，严重时可使船队（舶）偏离航向及航迹带，离开口门冲撞岸堤或下滑至电站和泄水建筑物，发生海损。因此需要研究引航道口门区流态变化情况及其影响因素，以及采取何种措施使流态更有利于航行。在编写《船闸设计规范》总体篇的过程中，除分析、调查、收集一些现场资料和进行必要的实船试验外，更有效的手段是通过水工模型试验对口门区水流流态进行系统的研究。从平面布置形式、导航堤的长短，口门的宽窄、闸门开启方式以及流量、水深的变化等因素，找出其对口门区流态的影响程度，通过对试验资料的分析研究摸索引航道口门区流态变化的规律及改善流态的措施。这些试验研究不仅可为正在编制的船闸规范总体设计提供科学依据，而且试验成果为解决一些具体问题累积了经验，也为今后进一步开展这方面的试验研究打下了基础。

二、试验条件和模型设备

模型外框为一长 35m，宽 6m 的矩形水槽。为了便于进行试验和研究，原型选用底宽 160m，边坡 1∶3的一段理想运河，枢纽由 10 孔 8 ×4.5m 的泄水闸和一座平面尺度为 20m × 230m 的船闸组成。为与自航船模比尺相适应，选用 1∶40 正态水工模型（见图 1）。

为了便于修改模型和变动方案，在模型设计时，其导航堤、边坡都采用活动的预制混凝土块和板。枢纽建筑物也可拆卸并能上下移动。船闸引航道与运河的相对平面位置选用了两种布置型式：(1)运河中心线与引航道中心线重合，泄水闸在一侧，(2)运河中心线与泄水闸中心线重合，船闸引航道在一侧。为了研究导航堤长度对口门区流态的影响，导航堤采用了1 倍、2 倍、3 倍及 4 倍船队长四种长度（试验用模型船队长 2.3m、宽 0.46m，吃水0.0375m）。由于模型槽总长只有 35m，为使口门区不受水流和尾水的影响（特别是对堤长为 $4L_c$ 的导航堤），将船闸上下游试验分开进行，当测量上游口门区的流态时，我们将枢纽轴线位置从槽中心向下游移 7m，这样就可使上游工作段保证在 23m 左右，即使采用最长的导航堤（$4L_c$）时，口门区仍能处于

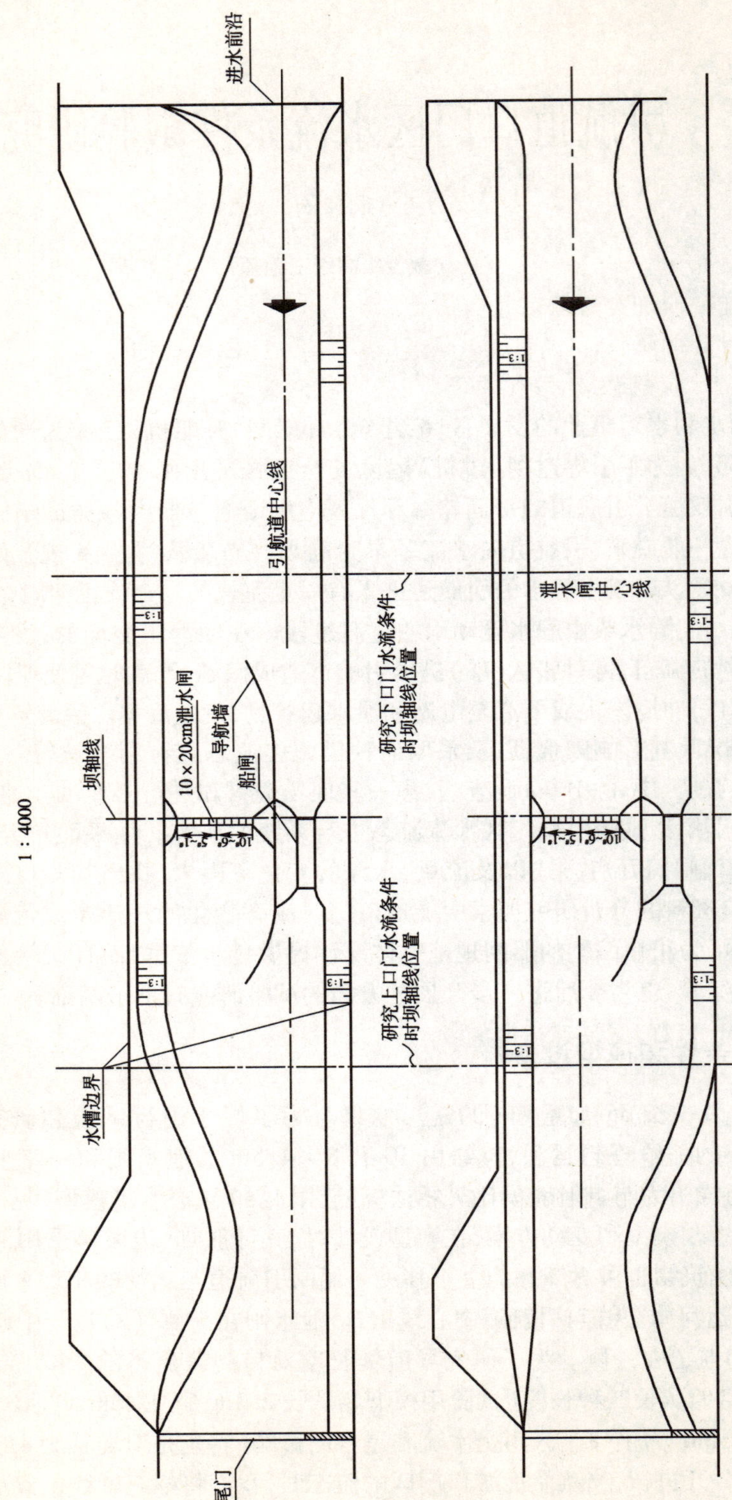

图1 模型平面布置及主要试验方案示意图

正常工作段内。而对下游则采取相反的办法，即将枢纽按中心线上移8m（见图1）。这样既能有效地利用模型场地，又能较好的完成不同导堤长度的系列试验。

引航道口门区的宽度按照船闸规范讨论稿的规定应为一倍半引航道宽，而引航道宽度为$3.5b_c$，b_c代表设计船队的宽度。因此口门宽应为$1.5\times3.5b_c$。引航道与口门用一渐变段连接，呈喇叭状，展宽渐变段长度为$10\Delta B$（见图2）。

$$\Delta B=\frac{L_c^2}{2R+B_0}$$

式中：ΔB——弯曲段加宽数值；

L_c——计算船队长；

B_0——设计航宽，为$3.5b_c$（船宽系指船舶满载吃水深1.4倍处之水面宽）。

$$R=3B_0$$

口门区长度按照规范规定“系指堤头以外相当于设计拖带船队1～1.5倍船队长度或设计顶推船队2～2.5倍船队长度”。因此在我们模型中口门区长度应为4.6～5.75m。而实际上我们施测的范围为口门宽×6m。口门测量断面每隔1m布置一个，考虑堤头附近流态较复杂，变化亦大，在堤头加测了两个断面（即1.5#及2.5#断面）。

至于口门区的宽度，我们试验了两种条件下不同口门宽度情况：(1)岸线不变，导航堤头位置变动，口门宽在不同水深下采用了$6b_c$、$5b_c$、$4.5b_c$及$3.5b_c$几种情况。(2)导航堤头位置不变，引航道岸线有所变动，计有口门宽为$6b_c$、$5b_c$及$4.3b_c$三种情况。

在模型试验中，选用的流量级有40、60、80、100、120L/s。上游水深试了21cm及16cm两种情况，下游水深为12cm及8cm，上下游水位差一般保持在8cm左右。

由于模型水槽宽度的限制，对于主流夹角变化对口门区纵横向流速的影响情况，只能通过调节泄水闸左右闸门的位置来达到。

在试验中还对堤头不同开孔型式进行了对比试验，对堤头的开孔作用进行了探讨，同时在堤头附近几个断面施测了流速沿垂线的分布，以加深对堤头附近水流在平面和立面上变化的认识。

为了准确量测口门区流速流向的变化情况，我们选用了我们研制的L_X～A型跟踪式流速流向仪。这种仪器工作性能稳定可靠，试验中，能灵活地随着水流流向变化而摆动，并通过传感器在记录器上显示流向角的变化情况。它不仅在流速流向变化小的区域能很好地反应水流流态的变化，如引航道上游口门，就是对流动摆动幅度大，变动频繁的下游口门区也能真实地反应出水流流态变化的物理图形，因此该仪器在试验中的应用为我们获得精确的测量数据提供了条件。

为了叙述方便，同时又能与实际工程中口门区的流速指标直接对照。在报告及附图中的流速已按模型比尺换算为原型数值，其余度量单位仍用模型数值，见表1。

三、成果分析

针对所提出的试验任务，从1980年3月制造模型，9月开始放水进行试验，1981年6月全部结束试验工作（其中包括自航船模操纵航行试验），先后共完成了280余组次试验，下面就试验结果进行分析讨论。

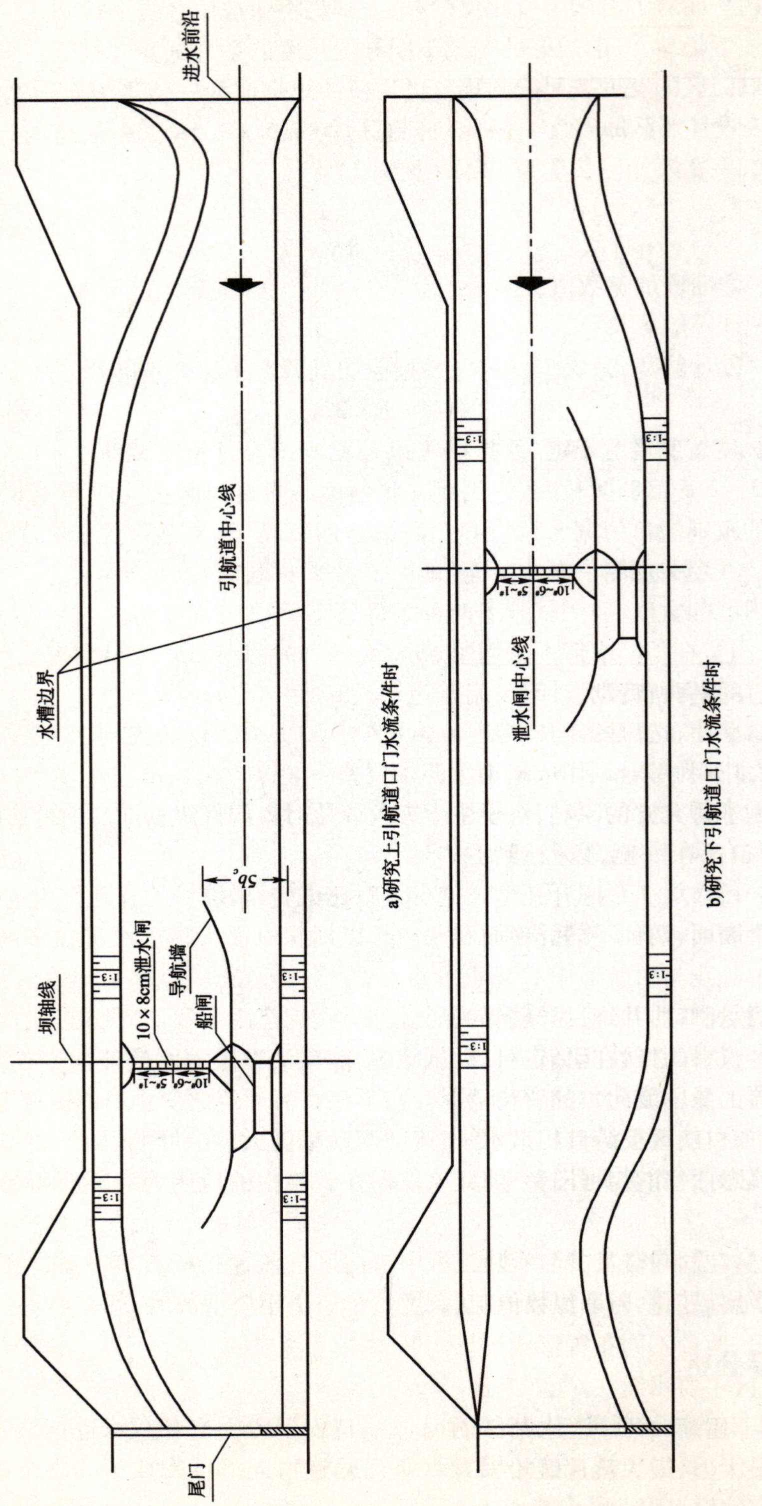

1∶4000

a)研究上引航道口门水流条件时

b)研究下引航道口门水流条件时

图2 模型平面布置及主要试验方案示意图

表1

名　称	比　尺	模　型	原　型
水平尺寸	1:40	口门区长 460 ~ 575cm	184 ~ 230m
		口门宽 289cm	112m
垂直尺寸	1:40	水深　21cm 水深　16cm 水深　8cm	8.4m 6.4m 3.2m
流量	1:10119.288	60L/s 80L/s 100L/s 120L/s	607m³/s 809m³/s 1012m³/s 1214m³/s
流速	1:6.32	3.16cm/s 4.7cm/s 6.3cm/s 9.49cm/s 12.6cm/s	0.2m/s 0.3m/s 0.4m/s 0.6m/s 0.8m/s

1. 引航道的平面布置对口门区流态的影响

引航道的平面布置是影响口门区流态的重要因素。每一个具体的水利枢纽因其不同的地形、地质情况,作用(综合利用或单纯渠化通航),其他水工建筑物的不同布置,引航道布置也各有特点。为了研究方便,我们将模型中引航道的平面布置简化为运河中线与引航道中心线重合,泄水闸布置在一侧,以及运河中心线与泄水闸中心线重合,引航道布置在一侧两种方案。

试验结果表明,两种不同的平面布置形式,上游口门区的流态和流速分布有很大的不同。

当运河中心线与引航道中心线重合时,上游来流直对引航道口门,在与引航道静水相遇时,由于静水顶托弯曲并绕过导航堤头从旁侧泄水闸泄向下游,从而使口门区水流具有弯进凹岸的水流特性,这样必然在引航道口门区形成分离回流和大的斜流,同时也产生了大的横流和堤头附近横流的急剧变化,对航行不利,而当运河中心线与泄水闸中心线重合时,主流对着泄水闸直泻而下,口门区仅为其扩散水水流,整个水流没有大的弯曲,引航道口门区水流相对较为平稳,流态较好。除堤头外,整个口门区航宽内都不会产生大的斜流和横流,同时流速的变化也较平缓。

图 3 ~ 6 是在同一流量、同一堤长、同一闸门开启方式下,两种不同平面布置时的口门区流态,最大斜流沿程变化,断面纵横向流速分布及断面流向偏角变化的对比图。从图 3 和图 4 中可以明显看出,两种不同布置形式下口门区的流速平面分布是迥然不同的。在第一种布置形式下,沿口门区主要泓线在 6#、7#断面处(距口门为 5 ~ 6m,原型为 200 ~ 240m)与航道中心线基本重合,往下逐渐向河中泄水闸一侧偏转,约在 3#断面处,最大流速线偏向口门区外侧,至堤头附近达最大值,最大流速线沿口门区是从航道中心线至堤头呈一曲线变化,最大流速在 7#断面为 1.5 ~ 1.64m/s,堤头断面为 1.54 ~ 1.43m/s。在 3#断面为 1.25 ~ 1.28m/s。横向流

速在口门区范围内变化为0.3～0.5m/s,沿航道中心线横流速保持在0.3m/s左右。而第二种布置形式时,口门区流速发生了显著变化,在口门区航宽范围内,最大流速线,均出现在口门区的外沿,因此在口门区最大流速变化是沿导航堤头的一直线。最大流速在7[#]断面为1.07～1.18m/s,堤头为1.00～1.07m/s,3[#]断面为0.96～1.07m/s,平均后第一种布置形式小40%,横向流速在80%航宽内不大于0.1m/s。仅只在堤头附近才出现局部的0.3m/s的横流,所以在整个口门横流速度较第二种布置形式约小200%。图5不仅进一步说明了两种不同形式口门流速有大的差别外,同时还从图中可以看出,在1[#]断面即堤头断面,虽流速之间有差值,但两种布置形式下的流速沿断面的变化趋势是一致的。在堤头达最大值,随着进入引航道内,流速急剧衰减,口门宽B_0处流速(斜流和横流)较之$0.8B_0$宽处之流速约大3～4倍。如第一种布置情况时斜流之比为3.5,对于横流为3。而第二种布置形式时斜流之比为3.3,横流为4。可见其趋势是一致的。但其余几个断面的流速分布情况却是横流变化规律基本是一致,而斜流的变化规律却不同。第二种布置形式沿各断面的斜流变化差不多具有相同的斜率,约为1.5左右,而第一种布置情况下的斜流变化是随着与口门距离愈远,斜流速度沿断面愈趋均一。在2[#]断面其流速曲线斜率为1,到3[#]、4[#]断面斜率为0.5,而至第5[#]断面时其斜率仅为0.0375。这说明了第一种布置形式下水流沿口门是逐渐变化的,堤头附近变化最为剧烈,而随着距堤头越远,水流逐渐恢复运河水流状况,而第二种布置时整个口门区的水流多属运河拓宽

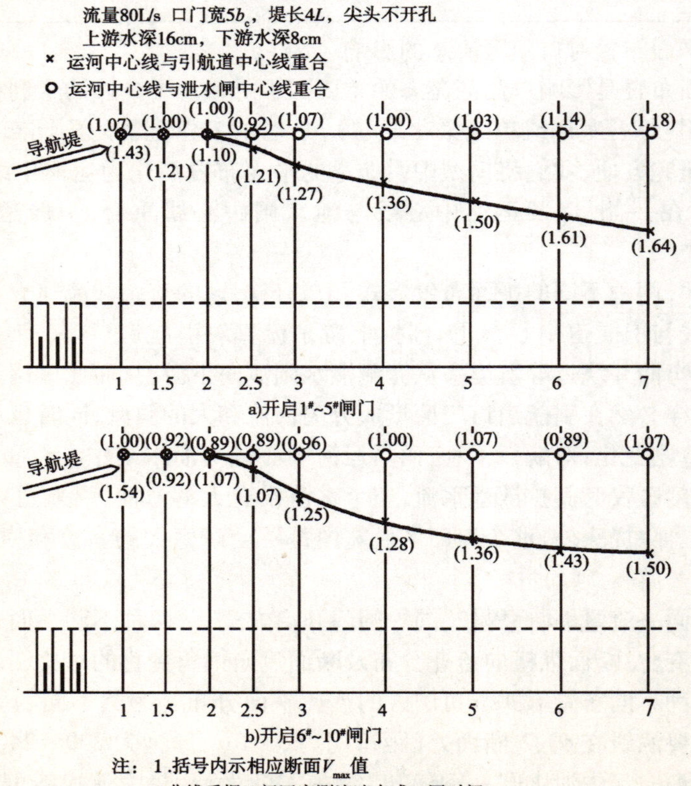

图3 上游不同平面布置时口门区最大斜流沿程变化图

扩散而形成的水流，除在堤头因堤头来水作用而发生一些变化外，其他断面水流基本处于，同一状态，即在口门区航宽外沿有较大流速外，对进了航宽内，流速则以一定速度迅速衰减，所以对各断面的流速分布具有较大的同一的斜率变化。

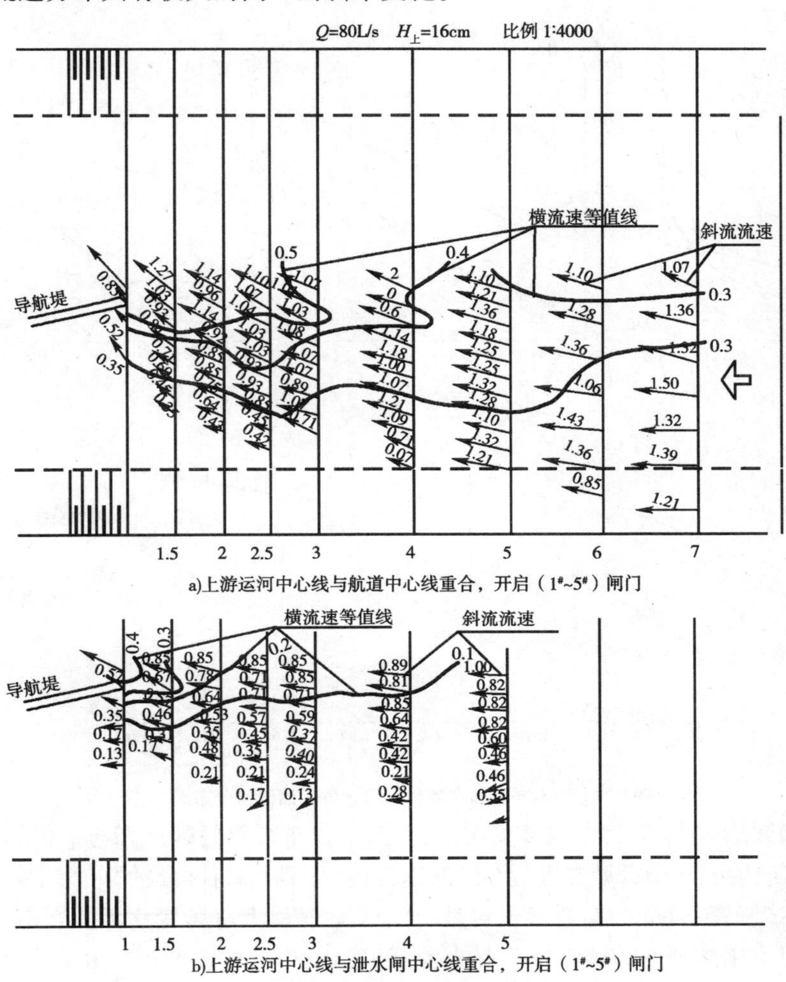

图4　不同布置形式上游口门流速、流态对比图

图6给出了两种布置形式各断面平均流向偏角的变化。图上曲线明显地表明了不管闸门为何种开启方式，第二种布置形式的流向偏角均较第一种形式的流向偏角小。但开启右边闸门要较开启左边闸门时差值小，则如右边闸门开启时，两种布置形式之流向偏角相差约12°左右，而左边闸门开启时两者之流向偏角相差达20°，这是因为在第二种布置形式下，开启左边闸门流向偏角较开启右边闸门有所减小，而且在4#、5#断面尚出现方向相反的偏角，这也充分说明了水流向岸边扩散的趋势。同时由于偏角较小也就使得原已不大的斜流的横向分速就更为减小，所以为什么第二种形式布置的斜流速度较第一种形式小40%，而横向流速却小至200%之故。

总之，比较两种布置形式，从流速分布和流态来看，第二种形式均较第一种形式为优，因此，单从口门区流态情况考虑则希望口门区不处于主流航线一侧，尽量布置在缓流和水流扩散区。然而，还应提出，在挟沙河流或运河上，第二种形式的布置却会导致口门的淤积而造成碍航。因

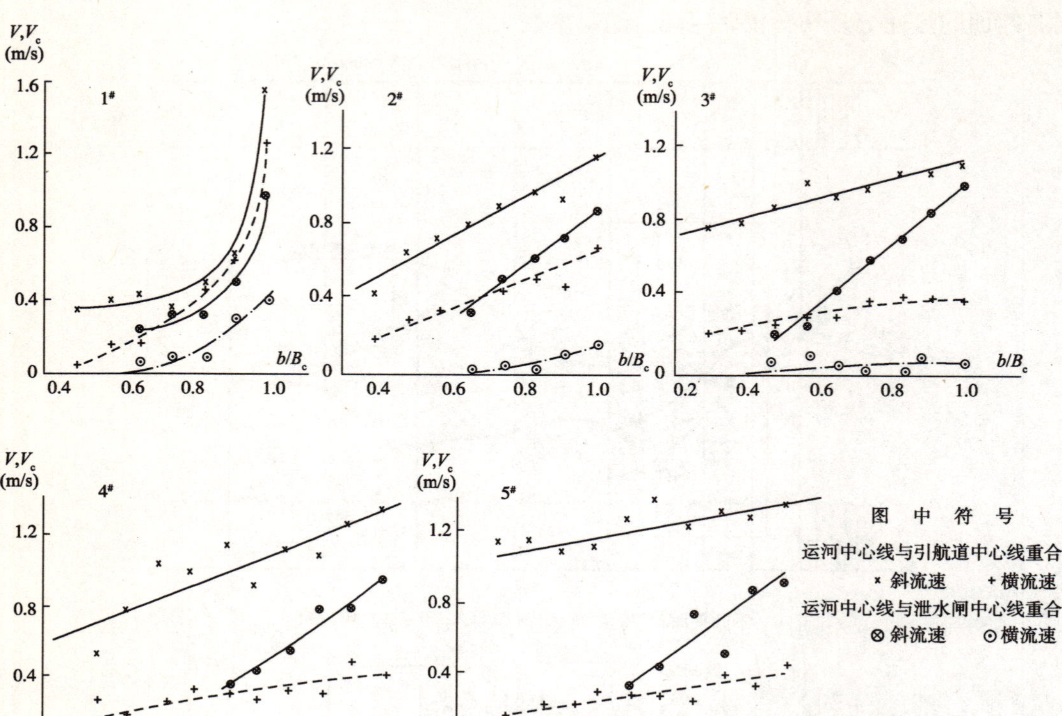

图5　上游不同平面布置时口门区各断面流速分布图

此在口门区的布置形式上，要针对具体情况进行分析，以求得口门区流态与淤积的合理解决。而对一些大型枢纽或情况复杂者最好进行专门的水工模型试验，以获得最优布置方案。

对于下游，试验资料证明，布置形式对其口门区流态及流速场变化无大影响，其流态的变化主要决定于泄水闸的泄水方式。图7是在流量、堤长、口门宽度及闸门开启方式都完全相同时，两种不同平面布置情况的下游口门区的水流流态图。从图7可以看出，两者的流态基本一致，运河中心线与引航道中心线重合时，其流速数值一般比运河中心线与泄水闸中心线重合时相应点的流速值虽略大一些，但绝对值都不大，而且大致都在同一数量级。

2. 导墙的长短对口门区流速分布的影响

船闸的导墙除了起引导船队顺利驶入闸室的导航作用外还兼起护航作用，就是保护引航道，防止临近的溢洪道、泄水闸或电站泄水在船闸上下游口门区形成不良流态，影响船队(舶)安全进入引航道。最近，在对个别大型水利枢纽通航问题的试验研究时，导墙除以上两个作用外，为解决引航道的淤积问题时，尚有“束水攻沙”的作用(如葛洲坝枢纽)。因此导墙的长短与其作用尚有一定关系，但在一定条件下，导墙长短对口门区流态有何影响？在同样条件下，导墙长好还是短好？为此我们在试验中对一倍、二倍、三倍及四倍船队长的导墙口门区流态变化情况进行了试验研究。研究结果表明，在航道上游口门区，导墙长度对口门区流速变化影响较小，

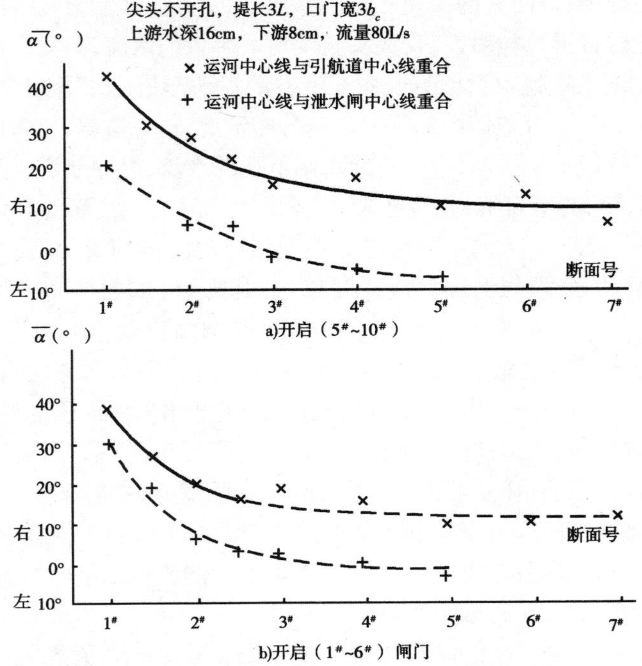

图6　不同平面布置时，上口门区断面平均流向偏角沿程变化曲线

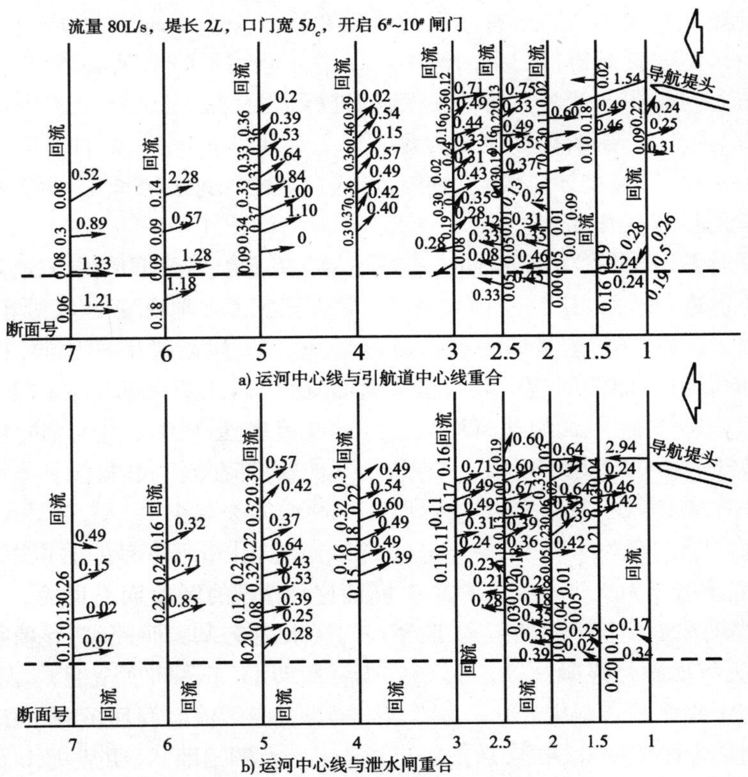

图7　下游不同平面布置时，口门区流速、流态对比图

不管是短导墙或是长导墙，口门区的流速变化规律都是相同的，在流量、水深相同的情况下，相应断面测点的流速都比较接近。相对而言，堤头长度对下游口门区流速、流态的影响却大得多。图8为下游不同堤长时口门区流速变化情况，图8下方的三图形展示了开启左边5孔闸门，下游堤长分别为$2L_c$、$3L_c$、$4L_c$时，下游口门区的平面流速分布情况，可以看出，三者的平面流速变化形式基本是相同的。但随着堤长的增加，由左边泄水闸下泄的水流，沿导航堤水流的动能就渐渐变成了势能，因而$4L_c$堤长对口门区的流速变化较$3L_c$和$2L_c$堤长为小，而且口门区形成的回流流速的绝对值也相对较小。图8下方的三图形是右边闸门打开时的情况，明显可以看出随着导堤长度的增加，引航道内正流速度增加，而斜流速度减小，堤长$2L_c$时整个口门区内都是倒流、回流，最大倒流速度达1.2～1.3m/s，而堤长$4L_c$时，在5#断面整流已约占断面宽的30%～40%，正流流速最大为2.58m/s，倒流速度最大仅为0.6～0.7m/s。这是因为水流从右边下泄后，受左边静水的影响，产生回流，当导堤短时，整下口门区正好处于下泄水流所形成的回流里，因而口门区里就产生大的倒流，而导堤为$3L_c$甚至$4L_c$时，堤长已超过了回流范围。因而出现正常的口门区流速分布。至于下游导堤是长好还是短好，这要决定于具体情况，一般来说下游导堤长，避开泄水闸下泄水流的影响，会对口门区流态有利。使口门区经常处于回流区也是不理想的，它不仅因回流易使口门产生泥沙淤积，而且对上水船队(舶)产生大的倒流也不是好的流态。

3. 口门宽度对上游口门区流态的影响

口门区的宽度主要是由于设计船队宽度决定的，船闸设计规范规定，口门区宽度B不得小于1.5倍引航道宽，而引航道宽又不得小于3.5倍设计船队的宽度。显然对某一工程而言，不同宽度的设计船队将相对地要求有不同的口门宽。但是由于地形、地质等及其他水工建筑物布置的限制也可能将引航道口门挪向河中或岸边。但在不同情况下，堤头位置的变化对口门区水流条件将有何影响？针对上述情况，我们进行了两种方案试验，图9是第一种平面布置形式，堤长为$2L_c$，尖头不开孔，模型流量为80L/s，开启1#～6#闸门，两种不同水深这样的基本情况下令其岸边不变，用移动导航墙位置形式不同口宽度(分别为$6b_c$、$5.5b_c$、$4.5b_c$)时口门区各断面的V_{cmax}值的沿程变化曲线。

从图9中可以看出，不管深水或浅水，在堤头宽度范围内断面的横向流速随堤头宽度的增加而加大，特别是堤头断面，这种差值就更大，堤头宽为$6b_c$时的横向流速值约较堤头宽为$4.5b_c$时的横流速度大一倍，这是因为河槽宽度是一定的，随着导航堤头向河中延伸，使得引航道堤头静水断面增加，而使河槽中动水过水断面减少，因此要在同一水位下泄同一流量，必然使得堤头附近流速增加，从而也使得堤头附近的横流也随之加大。但在进入航道后，流速衰减也快，沿断面分布很快接近趋向一致。图10是其他条件完全相同时，三种不同堤头宽度横向流速沿断面分布曲线比较图，从图中可以看到，在1#断面堤头宽$4.2b_c$时，$4.2b_c$(即堤头处)的横向流速为0.74m/s；堤头宽为$5.2b_c$时，$4.2b_c$处的横向流速值为0.34m/s；而堤头宽为$5.7b_c$时，$4.2b_c$处的横向流速值仅为0.26m/s。在2#、3#断面这种情况也是显而易见的。因而在口门宽已定的情况下，适当增加堤头与岸边的距离，改善口门区水流流速以利于航行是值得考虑的。

图11是堤头不动而外移岸线，形成了$6b_c$、$5b_c$及$4.3b_c$三种口门宽度，其平面布置为运河中心线与泄水闸中心线重合。堤长$4L_c$，堤头形式为尖头不开孔，模型流量为80L/s，以及两种水深情况下断面最大横流变化曲线，从图中可以看出，点群较乱，无明显规律，分析其原因，一方面堤头不动，移动岸线，加宽口门过水断面，而原靠内岸线已属回流区，因此，增加的过水断

Q=80 L/s（模型）

边坡底线
导堤长：$2L_c$
闸门开启：1#～6#
泄水闸
$2L_c$
导航堤
下游引航道
船闸
回流
5
4
3
2.5
2
1.5
1

边坡底线
导堤长 $2L_c$
闸门开启：5#～10#
泄水闸
$2L_c$
导航堤
下游引航道
船闸
5
4
3
2.5
2
1.5
1

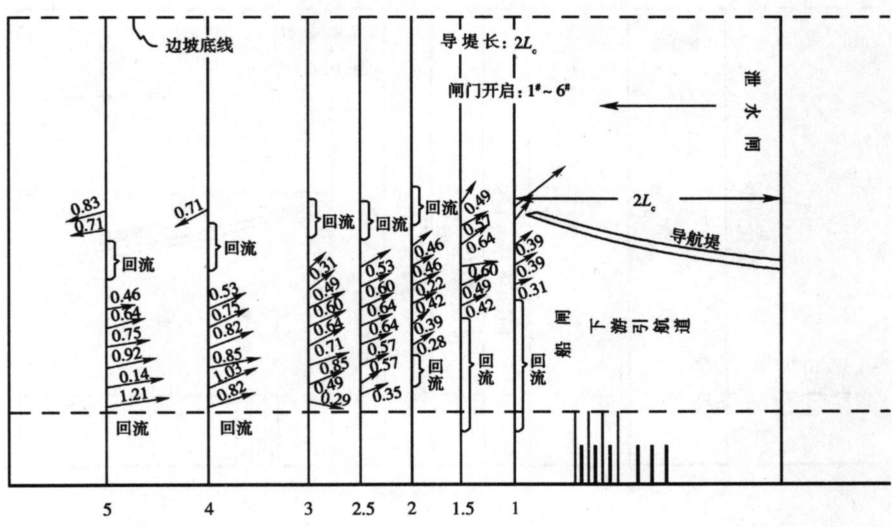

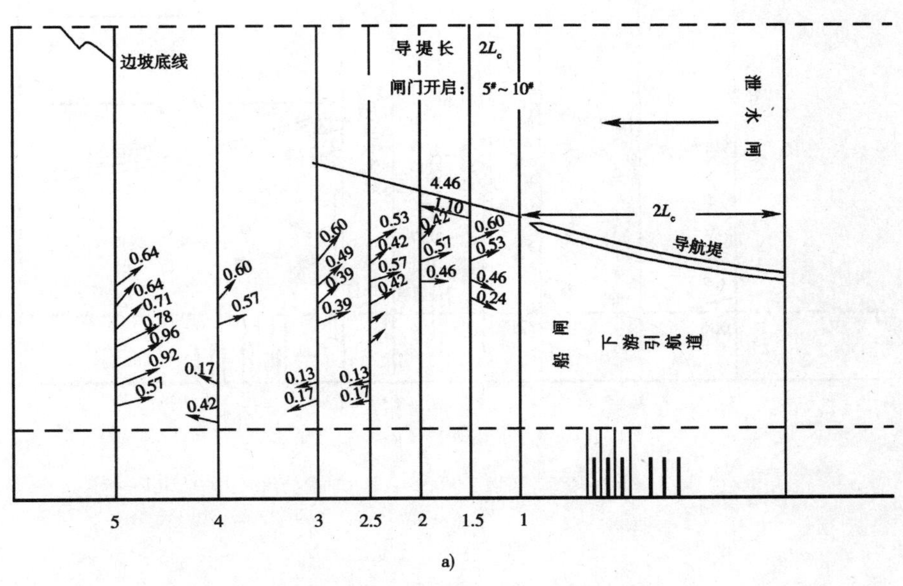

a)

图 8

Q=80 L/s（模型）

边坡底线
导堤长 3L_c
闸门开启：1#～6#
泄水闸
3L_c
导航堤
回流
船闸
下游引航道
5
4
3
2.5
3
1.5
1

边坡底线
导堤长 3L_c
闸门开启：5#～10#
泄水闸
3L_c
导航堤
回流
船闸
下游引航道
5
4
3
2.5
2
1.5
1

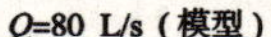

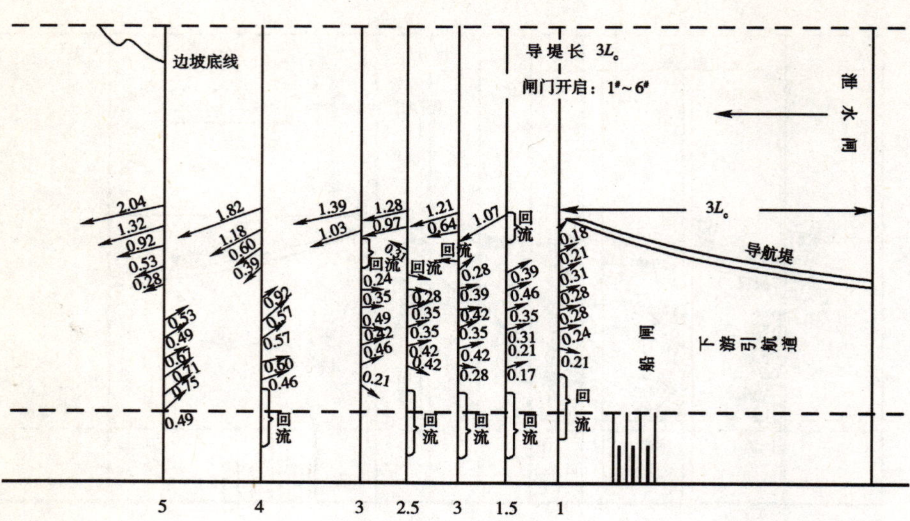

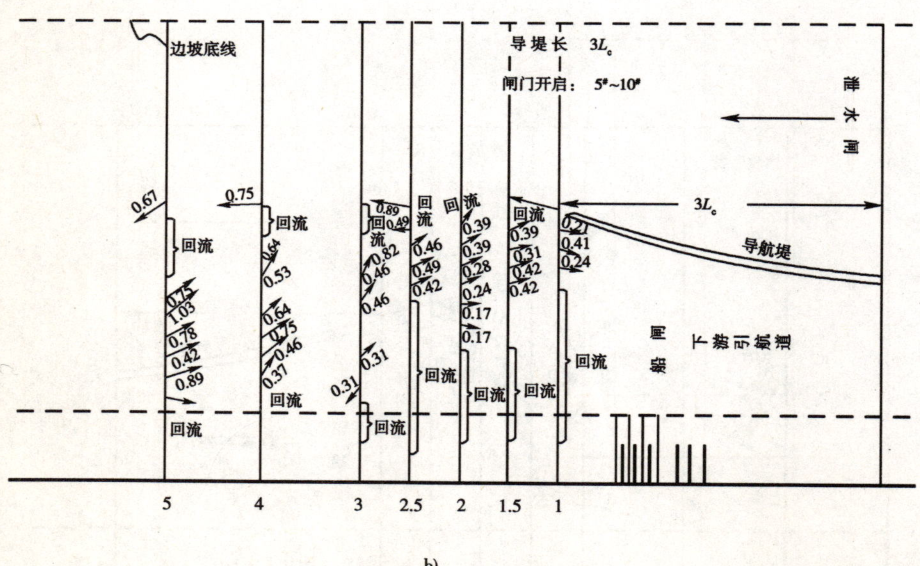

b)

图 8

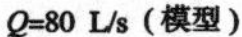

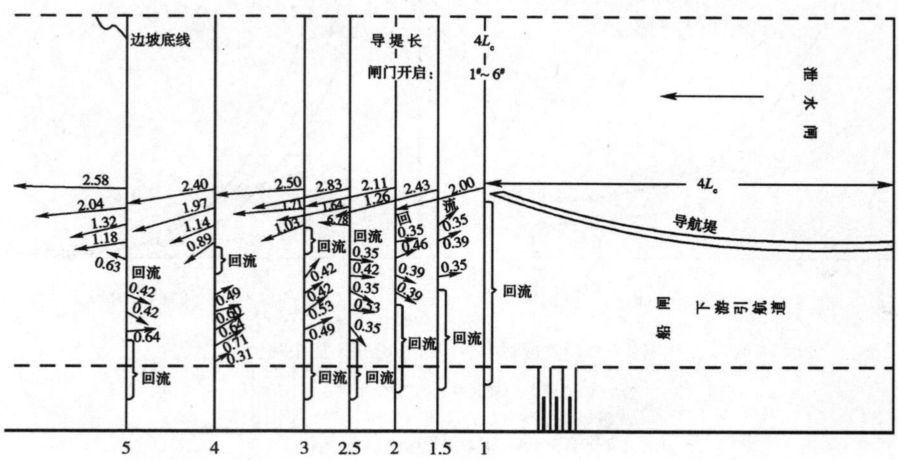

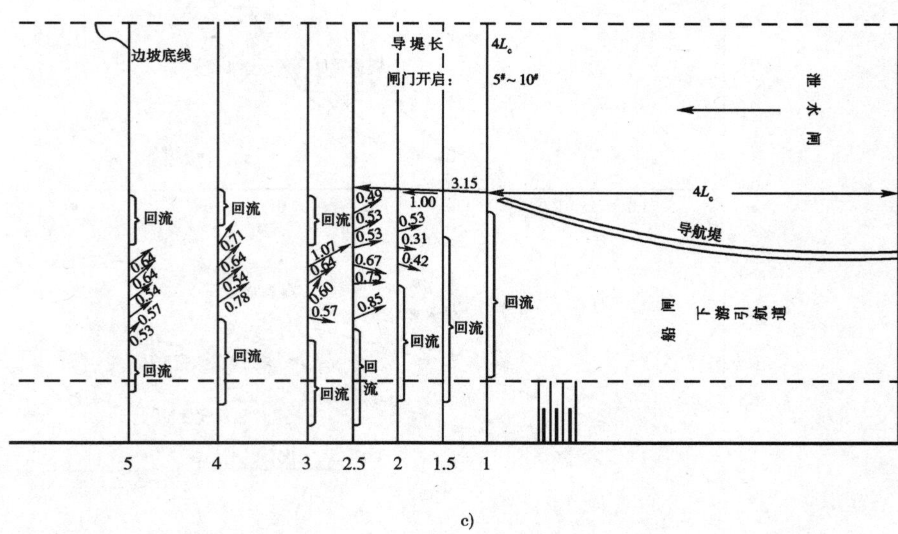

c)

图 8　不同堤长下游流速流态图

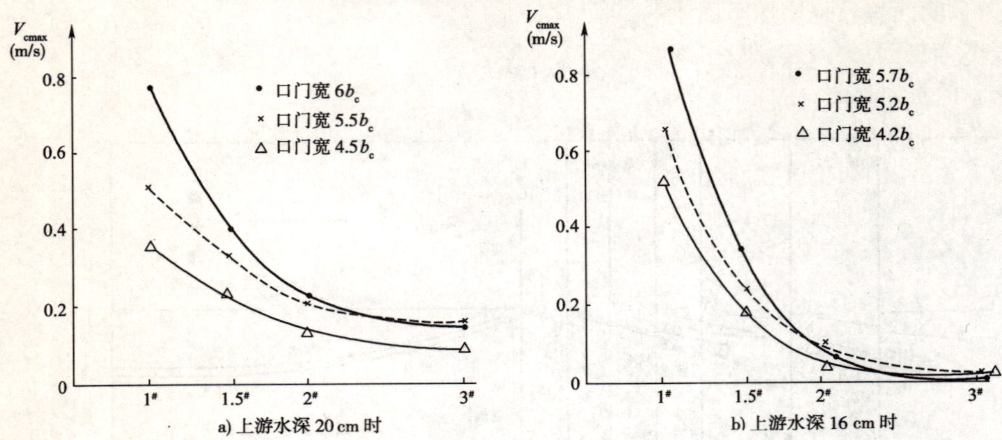

图 9　口门宽度对上口门区影响——堤头移动

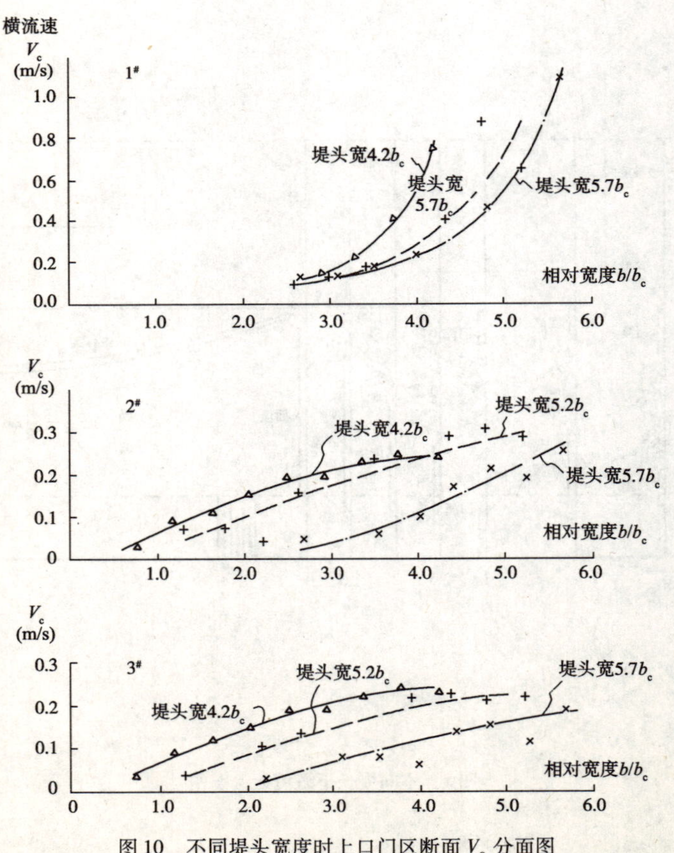

图 10　不同堤头宽度时上口门区断面 V_c 分面图

面并不能促使口门区流速场重新分布，因其流速场的变化已基本由布置形式和泄流条件决定了，而扩散宽的面积只是增加了回流静水区的面积而已。另一方面，在这种布置形式下，流速本来就很小，而最大的流速都只出现在口门区的外沿，因此也就很难反映出口门宽度不同而带来的变化。但总而言之，增加了静水区的宽度，对航行总是有利的。同时在实际工程中为克服具体地形条件的影响，采取切削岸壁，削除突嘴，扩宽口门区宽度往往是改善口门区进口水流条件的措施之一，例如德国在新建的凯赛尔枢纽，就是通过相应岸线整治以调整引航道口门区的流向，并通过展宽过水断面以调整斜流强度来达到改善通航条件的。

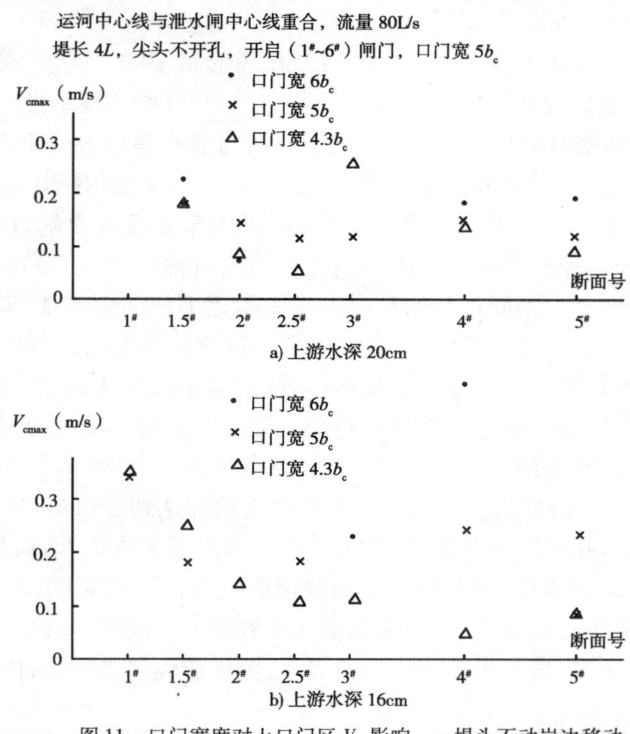

图 11　口门宽度对上口门区 V_c 影响——堤头不动岸边移动

4. 导航堤头开孔的作用

堤头开孔也是改善引航道口门区流态的一个措施，目前在国内外都有实施，如德国摩赛尔河上的列门和方凯尔枢纽的上游引航道的透空导航墙，我国西津枢纽下游开孔导墙等。此外在南京水科所进行的葛洲坝工程泥沙模型试验中，也对堤头开孔问题进行了研究，试验结果表明，只要堤头布置适宜对降低堤头附近横流是有作用的。但由于孔口易为泥沙淤积，而且对引航道开闸拉沙也有不利影响，再加上施工的困难，因此并未建议采用。

德国联邦水工研究所对引航道口门的布置进行了多年的试验，J. W. 迪次，B. 普丽娜的“船闸引航道口门区横向流的解决措施”一文中介绍了他们试验过的几种不同型式的上游导航堤头开孔型式及其作用。文中提到试验结果说明了对上游引航道采用适宜的加长 18m 的挡水式透水引墙，能把堤头横向流速从 0.6m/s(实体墙头)减小到 0.1m 以下。这只是意味着它的作用只限于堤头局部范围，也就是所谓的堤头效应。而对下游，则透水导墙影响引航道口门区的流态，包括那里所形成的回流的规律与方向，这是因为有了透水导墙，由于水下开了孔，

能引客流进引航道，并能在航船进入口门时顺畅排流出引航道。也就是说根据联邦水工试验所试验结果，透水式导航堤头对下游引航道口门区要比上游的作用大，更为有利。为了进一步论证堤头开孔的作用，我们在试验中，对四种开孔进行了对比试验，其中三种形式是参照了联邦水工试验所采用的形式。同时我们对开孔布置的高程也进行了探索试验。此外考虑到航船在航行的水域中是有一定的吃水的，表面的横流未必就是最不利的，特别堤头附近的水流有旋流又有向下水流，因此最大的流速和最大的偏角往往出现在水深的某个部位而并非在水面，因此我们在试验中对堤头（包括开孔与不开孔）附近断面垂线流速、偏角的变化进行了测量，以便对堤头附近沿水深的流态变化有所认识。

堤头开孔形式采用了如图 12 所示型式，虽然开孔的形状不同，但我们使每种形式总的过流面积都保持相等。以便比较其效果。试验结果表明，不管何种试验条件；浅水或深水（水深 20cm 或 16cm）；宽口门或窄口门（$5b_c$、$3b_c$），运河中心线与泄水闸中心线重合或与船闸中心线重合，堤头开孔只能对堤头附近的局部水域有一定影响。平面向上约 20 ~ 40cm（原型为 8 ~ 16m 范围即堤头附近两下测点），纵向距堤头约 50cm（即 1.5#断面处原型为 20m）。图 13 是口门区几个断面斜流、横流流速及横向偏角沿口门宽度方向的变化情况，从图中可以看出，1#断面堤头处流速变化比较急剧。不同形状的孔口在堤头附近形成的斜流流速变化较大，最小约 0.7m/s，而最大可达 1.2m/s。可以看出，斜流速度是随着接近堤头而逐渐加大的，不管堤头何种开孔形式或不开孔，其斜流速度变化规律基本一致，点群也较密集，其流速值的大小与开孔形式基本无关。只是不开孔时，斜流速度稍有偏小。堤头附近横向流速变化却与堤头是否开孔有很大的关系。堤头开孔可使堤头附近横向流速降低约两倍，在斜流速度相近情况下，开孔最大横向流速只有 0.3m/s，而堤头不开孔的最大横向流速却达到了 0.6m/s。这种情况在1.5#断面处也可观察到。同时我们可以看出，最大的横流并非出现在堤头处，而是堤头靠内一点的位置，约距堤头 20cm 左右的地方，这是因为堤头绕流受主流流速的影响，虽然斜流流速很大，但由于主流的影响，使斜流夹角较小，因而横向流速不致很大，而堤头靠内一点的位置，既受堤头绕流影响又不与主流相接，虽然斜流速度不及堤头，但水流偏角却很大，因此使此处的横向

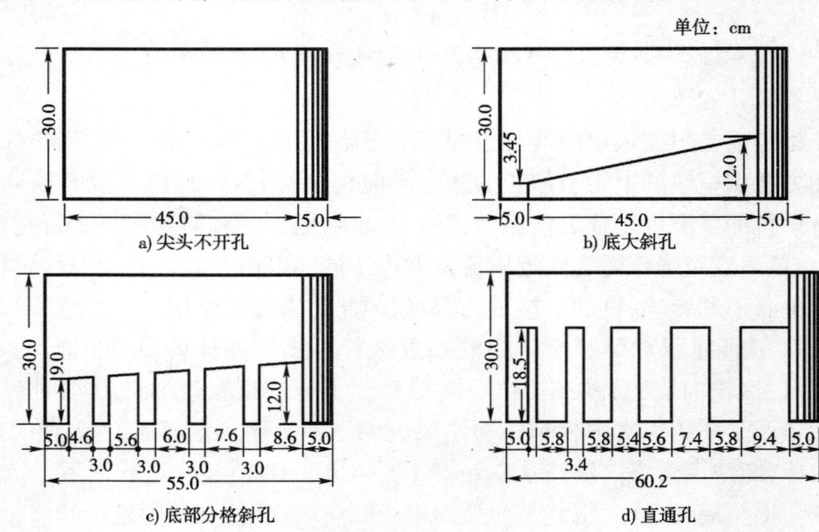

图 12　试验采用过的孔种堤头型式

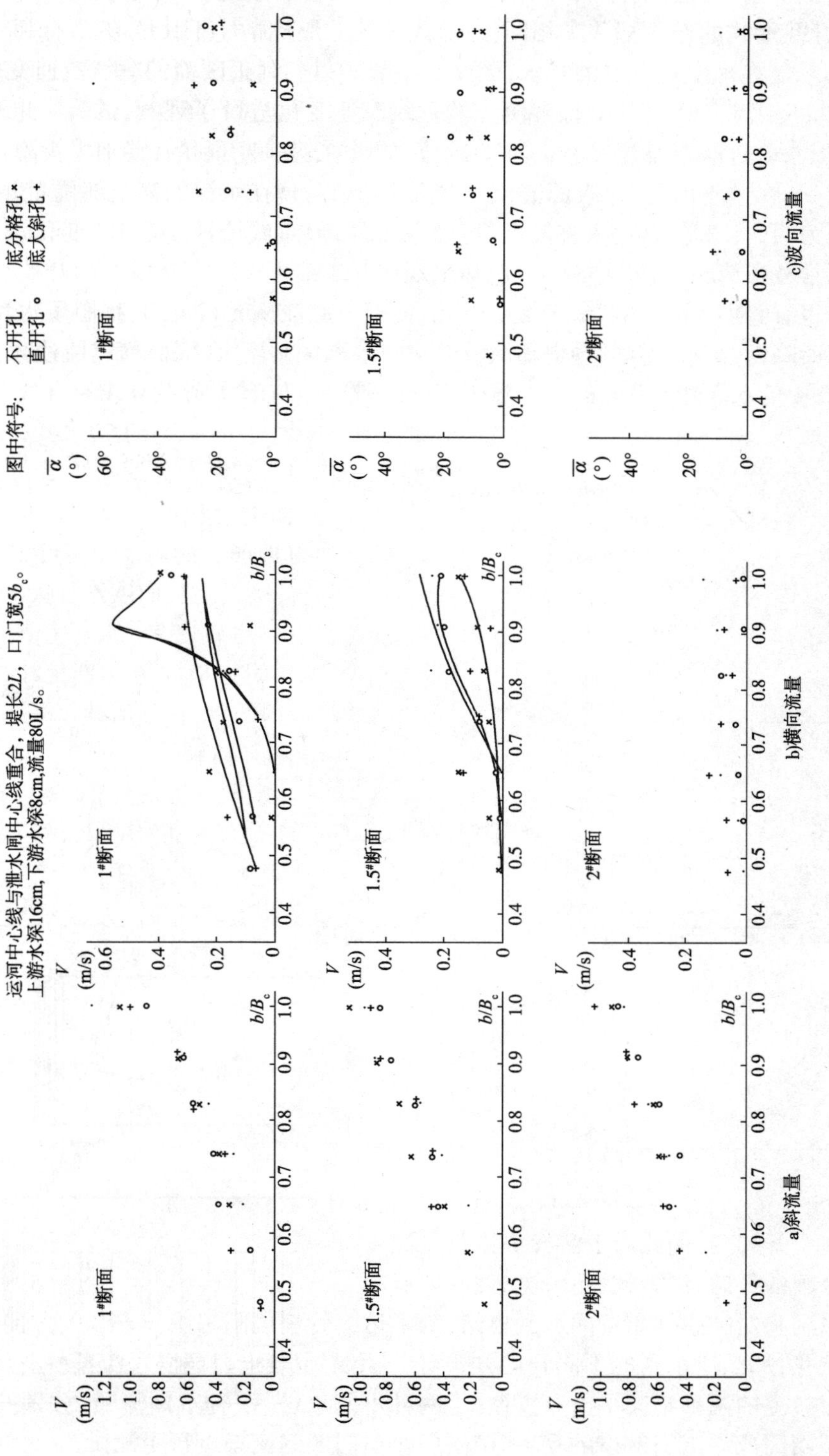

运河中心线与泄水闸中心线重合，堤长$2L$，口门宽$5b_c$。
上游水深16cm,下游水深8cm,流量80L/s。

图中符号： 不开孔 · 底分格孔 ×
直开孔 ο 底大斜孔 +

1#断面　1.5#断面　2#断面

V (m/s)　b/B_c　$\overline{\alpha}$ (°)

a)斜流量　b)横向流量　c)波向流量

图 13　堤头不同开孔型式对上口门区流态影响

流速大大增加。至于开孔的形式对横流的作用，从我们的试验资料来看，尚难得出最佳形式的答案，几种开孔形式的作用都基本相同，底部大斜孔的形式稍优于其他。

考虑到船舶在水中有一定的吃水，因此有必要对口门附近断面的垂线流速变化有所了解。在试验中对 1#、1.5#及 2#三个断面各测点的垂线流速变化进行了观测，试验结果表明，由于堤头的影响，堤头附近既有绕流又有向下的旋流，因此在堤头断面最大流速（斜流与横流）往往出现在 0.6 ~ 0.8 倍水深处，而表面的流速却是较小的。离岸越近，则这种影响越大。特别是横向流速更为明显，这是因为，水流偏角随着水深而不断增加（图14），在 1.5#断面上，斜流速度已符合一般正常分布情况，而最大横向流速却出现在 0.4 倍水深处。而堤头的开孔与不开孔对垂线流速分布也有着很大的影响，由于堤头开孔，使部分底流从孔口流出，减小了水流偏角。因此横向流速有所降低，而不开孔的导堤却使沿水深的水流偏角增大，因而横向流速大大增大，如 1#堤头处，在 0.4 倍水深处不开孔的最大横向流速达到0.9m/s，比开孔的 0.44m/s 大两倍多。

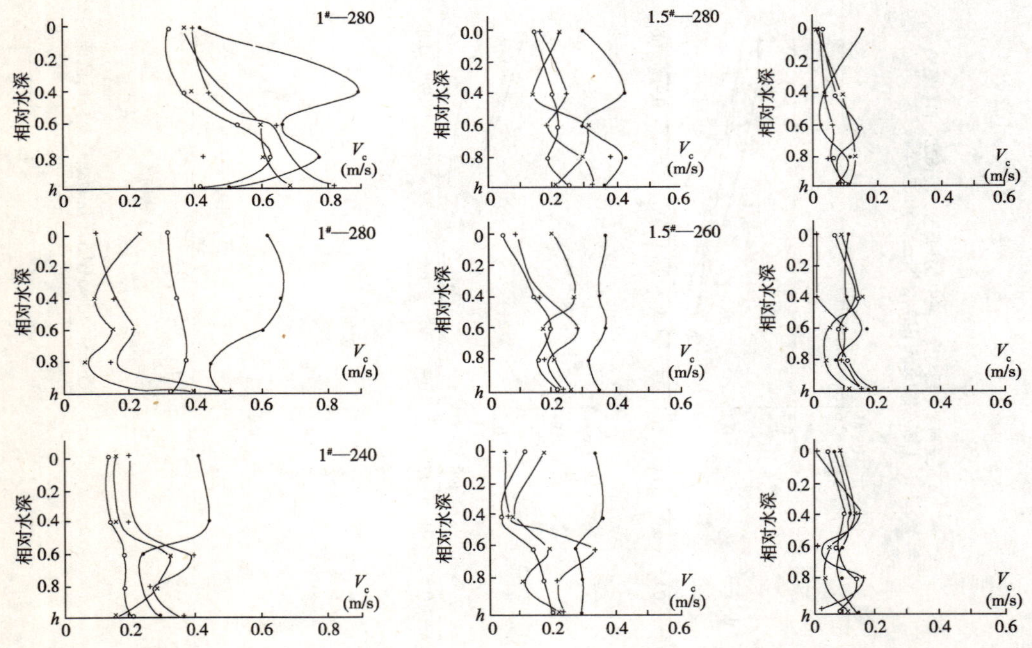

图 14　不同开孔型式时口门区横向流速沿水深分布图

关于堤头开孔，我们只对上游导堤进行了试验。

5. 泄水闸的开启方式对口门区流态的影响

在泄水闸和船闸并列布置的水利枢纽，为了运行管理或闸门制作安装的方便，泄水闸通常设计成若干孔，那么泄水闸的不同开启方式对上、下游引航道口门区水流条件有何影响呢？为此我们对引航道的两种不同平面布置型式、两种不同水深、三种不同流量，分别开启远离引航道的 1# ~5#闸门或靠近引航道的 6# ~10#闸门时口门区的流态进行了测试。

图 15 是其中引航道平面为第一种布置型式，堤长 $2L$，口门宽 $5b_c$，上游水深为 16cm，在流

量 80m^3/s,100m^3/s 二种情况下不同闸门开启方式下,上游口门区各断面的最大斜流速 $V_{斜max}$、横向流速 V_{cmax} 及平均流向偏角沿程分布图。从图中可以明显看出,当其他情况相同时,两种不同闸门开启方式下,口门区对应断面的 V_{max}、V_{cmax} 数值极为相近,其变化趋势也完全一致,V_{max} 在 1[#] 断面最大,向上游逐渐减小,2[#] 断面处最小,往上又逐渐回升。$\overline{\alpha}$ 在 1[#] 断面最大,1[#] ~2[#] 断面间减小较快,3[#] 断面以上减小较缓慢,由于 $V_{斜}$ 值变化较缓,V_{cmax} 相对讲受水流偏角影响较显著,因此 V_{cmax} 的变化趋势与 $\overline{\alpha}$ 大致相同。其他系列试验结果也基本相同。

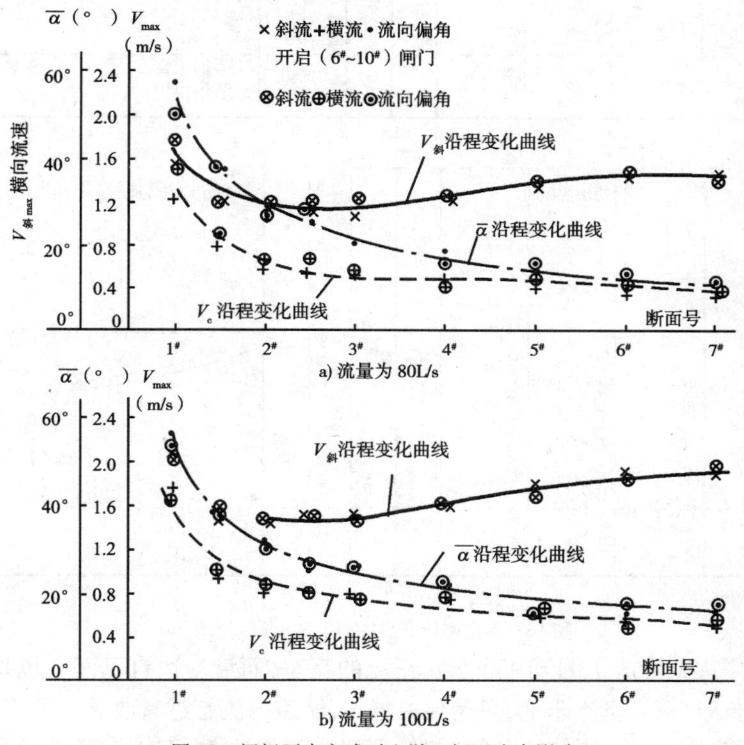

图 15 闸门开启方式对上游口门区流态影响

不同闸门运行方式对通航枢纽上引航道口门区流态之所以如此之小,主要是因为建闸坝壅水后上游一般都有相当水深,上游来流通常只在靠近关闭闸门处时才转向开启的闸门,因此对尚隔一定长度导航墙(规范要求其直线段长不小于 1L)以上的上游口门区其影响就很小了。在上游壅水很深的枢纽,情况更是如此,德国联邦水工研究所在研究船闸引航道口门区横向流速而进行的试验中也得到类似结论。但闸门的不同运用方式对下游口门区的流态却有着很大的影响,图 16 是两种不同运用方式下游口门区的水流流态图。

当其开启式靠近引航道一侧的几孔闸门时,由于遇引航道导航墙下泄的动水与引航道静水之间的速度差,在下口门区形成了一个反时针方向的较大回流,这个回流在接近口门的1[#] ~3[#]断面的靠岸部分水域又形成了一个反向的小回流,大回流与下泄主流形成一个整体,而在下游6[#] ~7[#]断面靠岸水域以倒流形式出现,然后上溯到堤头回为主流。这样的结果,在口门附近的几

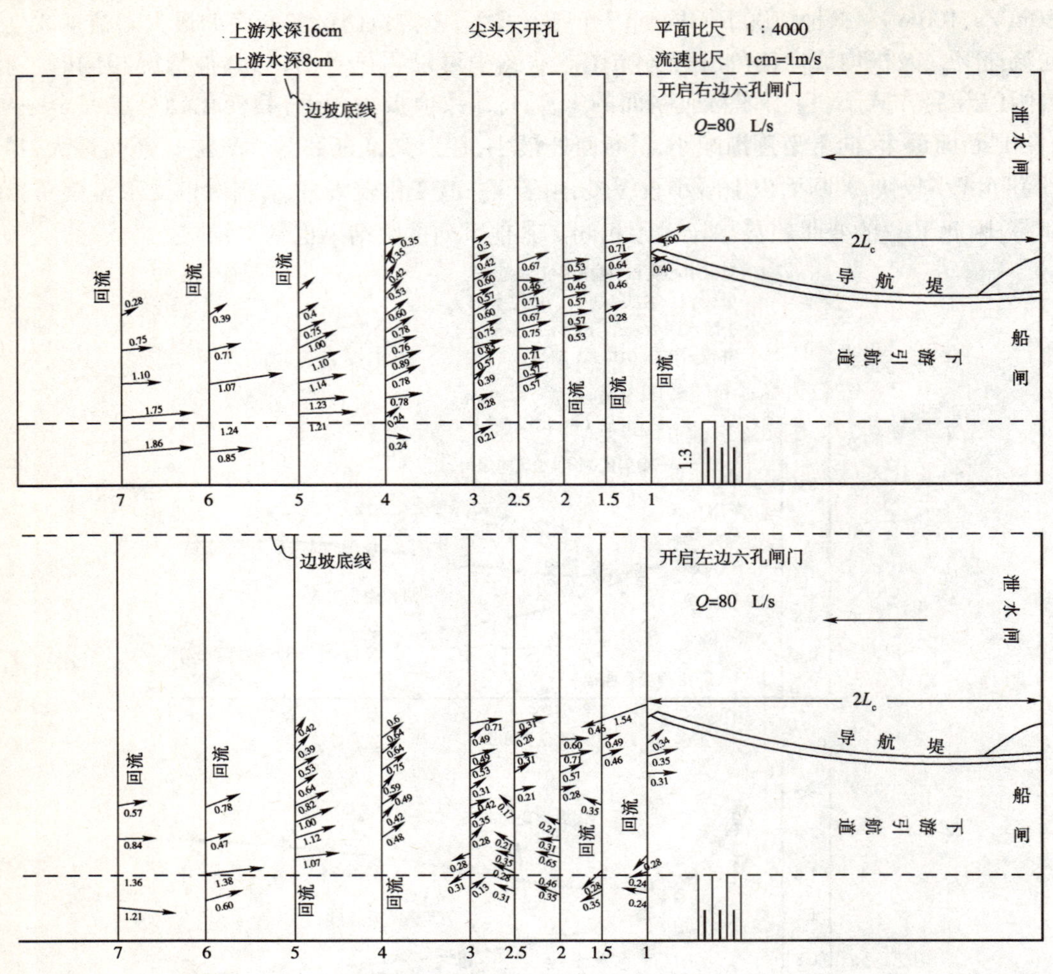

图16 不同闸门开启方式下游流速流态图

个断面由河心至岸边就形成了倒流～静水～正流的流态，而沿岸边自下而上也是倒流～缓流～正流。当导堤加长时，流态基本未变，只是导堤越长，航道内流态越有改善。

当其开启远离引航道一侧的几孔闸门时，下泄水流受左侧静水影响，向下游河道扩散，同时就在下游的整个河道和引航道口门区形成一个大回流，这个大回流也在近口门靠边的水域形成另一个小的三角形回流，与前面开启方式相比，后面的大回流不但范围大，回流强度也大，口门区下端最大倒流速度达1.8m/s，是前者的1.5倍。在口门区大部分断面中，以倒流形式出现的这一回流在越过堤头后继续上溯直至开启闸门的下游回归主流，而当导堤长为$3L_c$或$4L_c$时，其长度已超出了大回流的范围，因而在堤头产生指向岸边的斜流，最大速度达2.05m/s，在口门区5#断面的正流宽度基本占航宽的40%。同时航道内回流形成的倒流也大大减小，其速度均为0.6～0.7m/s。

由此可见，闸门的不同运用方式将会给下游口门区的水流通航条件带来很大的影响，资料分析结果表明，开启临近船闸的闸门较之开启远离船闸的闸门，会使下游口门区航行条件改善。另外美国有关部门在总结一些通航枢纽的模型试验和工程实践经验时还指出：对下游经

常开启紧靠船闸一侧的闸门,可以减少泥沙在引航道口门附近的淤积。

6. 水深和流量对口门区水深条件的影响

甚至不需进行试验,但凭人们的常识即可想到,当引航道及枢纽的其他建筑物和平面布置一经确定,若来流量不变,则由于水深的增加,过水面积的加大,口门水流流速将减小,反之,水深降低,过水断面减小,口门区流速则增加,若水深不变,因其过水断面不变,因而口门区水流流速将随流量的增加而加大,随流量的减少而降低。

图 17 是第一种引航道平面布置,尖头不开孔,堤长 $4L$,口门宽 $5b_c$,模型流量为 $80m^3/s$,在两种不同闸门开启方式不同水深对口门区断面 V_{max}、V_{cmax}、$\overline{\alpha}$ 变化过程线。从图 17 中可以清楚地看到,不同水深时,口门区 V_{max},V_{cmax}变化过程线其趋势完全一致,而浅水时 V_{max} 比深水的相应 V_{cmax}约为 0.2 ~ 0.4m/s,流向偏角的变化不但趋势一致,而且数值也接近,由此而造成的相应 V_{Cmax}浅水较深水大,因此,当流量不变时,上游水深越小,口门区的流速则越大。

流量的变化对上游口门区流速场的变化有很大的影响,流量越大,流速的变化也越大,如图 18、19 所示,当流量为 60 ~ $80m^3/s$ 时,口门区的最大横流平均流速只有 0.4m/s,等流速线也

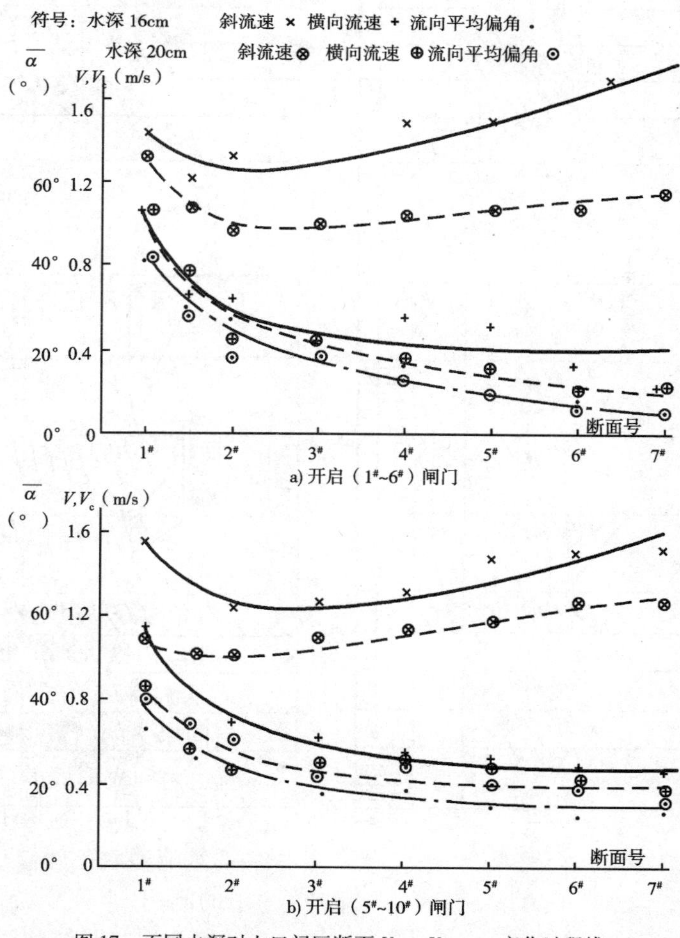

图 17 不同水深对上口门区断面 V_{max}、V_{cmax}、α 变化过程线

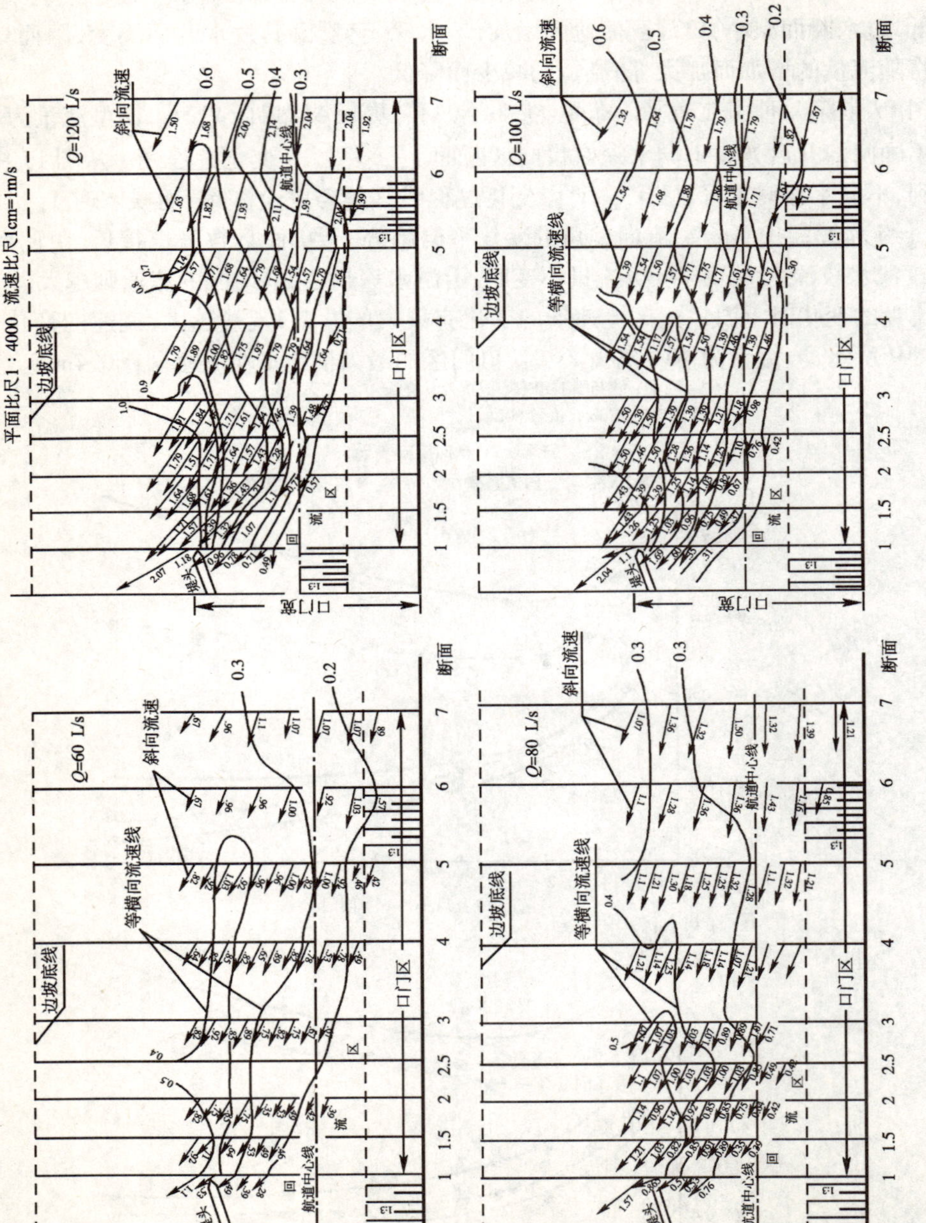

上游水深:16cm,下游水深:8cm
闸门开启 方式:右六孔
平面比尺1:4000 流速比尺1cm=1m/s

图18 上游口门区平面流速分布图

很稀疏，随着流量的增加，口门区的斜流及横流也随之加大，当流量增至100m³/s时，引航道中心线横向流速约0.3～0.4m/s，而且等横向流速线梯度变化也增大，当流量为120m³/s时，航宽范围内横向流速普遍达到0.5m/s以上，最大横流平均至0.9m/s，而且在堤头附近几个断面速度梯度变化更为剧烈，在1.2m（原型48m）宽度内横流速度从0.3m/s增至1m/s。平均每0.25m（原型10m），横流速度就增加0.15m/s。因此在其他条件相同下流量增大，必然使流速强度增大，给航行造成困难。但对于下游，当上、下游水位差不变时，流量的变化对下游的流态影响不大。图20是口门为$5b_c$，流量为60、80、100m³/s的下游口门流态图，可以看出，只要闸门运用方式相同，下游口门区的流态也基本相同，流量的变化并未引起下游口门区流态的显著变化。

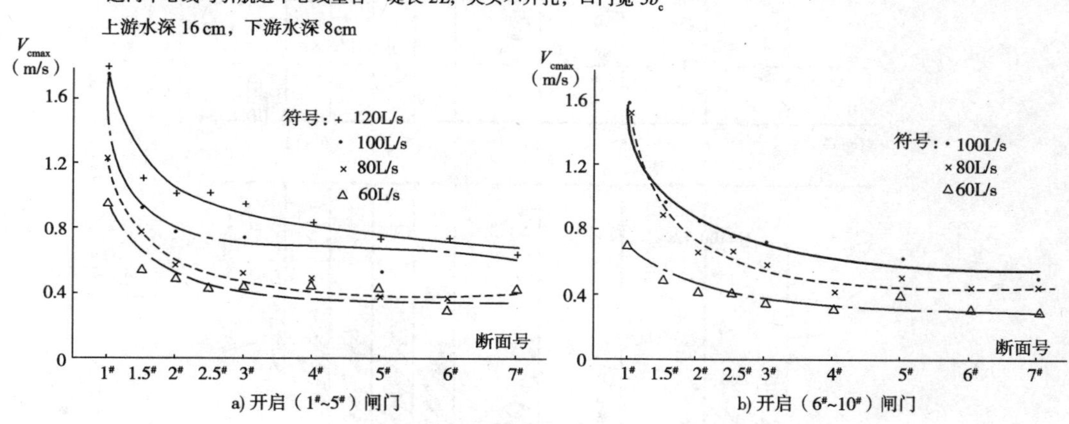

图19　不同流量时口门区断面V_{cmax}变化过程线

系列试验的资料还表明，上游口门区各断面的流向偏角的变化主要取决于引航道的平面布置，而与口门宽度及堤头开孔与否，导墙长度及水深变化和闸门开启方式没有明显的关系。图21是上游按第一种平面布置，尖头不开孔，口门宽$5b_c$。模型流量为80L/s的情况下不同水深、堤长、不同闸门开启方式时口门区断面平均流向偏角值。从图21中可以看出各点距排列密集，其趋势十分清楚，其最大$\overline{\alpha}$在1#断面，1#～2#断面$\overline{\alpha}$变化陡峭，而在3#断面以后则较为平缓。

四、结语

通过对试验资料的初步分析有以下几点认识：

（1）引航道口门区的平面布置形式对上游口门区的流态和流速分布有着极大的关系。当引航道口门区位于河道主流一侧时（即我们试验中运河中心线与船闸中心线重合的布置形式），在口门区将产生大的斜流、横流和流向偏角。等横向流速线差不多平行于水流流向，随着流量的加大，在堤头附近断面，等流速线密集，横流速度梯度大，对航行不利。但这种布置形式，由于主流靠近引航道，当受引航道静水顶托时，水流即偏转，并绕过堤头，经泄水闸泄流而下，这样在口门区的水流具有弯道凹岸水流的特性，因此在挟沙河流上对防止口门区淤积，保持口门区航行水深却有着有利的条件。而另一种布置形式即运河中心线与泄水闸中心线重合

开启(1–6)#闸门，堤长2*L*，尖头不开孔。

上游水深16cm，下游水深8cm。

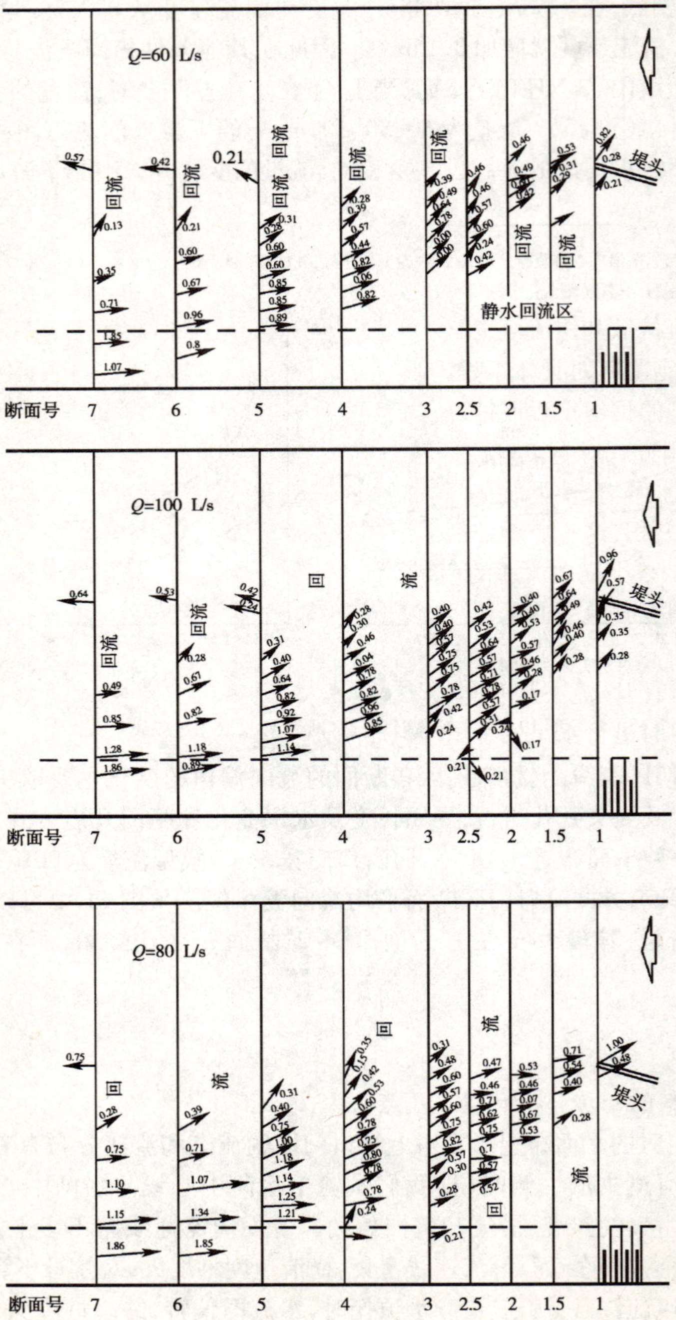

图 20　不同流量时下口门流速流态图

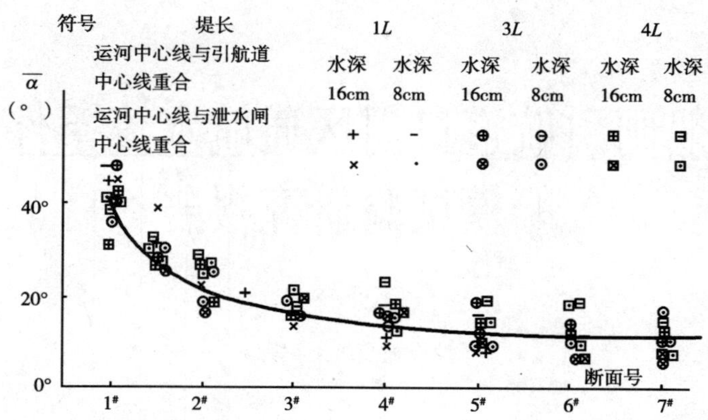

图21 不同堤长、水深、闸门开启方式时,上口门区断面平均流向偏角分布图

时,口门区处于水流扩散和缓流区,虽然流态较好,但却会导致口门区的淤积,因此在选择口门区的布置形式时一定要针对具体工程,对自然条件进行认真详细的分析和论证,以确定最佳布置形式,但一些大型的枢纽工程或情况复杂的工程,最好通过水工模型试验,优选布置方案。

(2)泄水闸运用方式对下游口门区流态的影响较对上游的影响为大。在一般情况下,开启临近引航道的泄水闸,会使下游口门区的水流条件有利于航行,同时也可以减少泥沙在下游引航道口门附近的淤积,这一点对今后船闸的管理运用十分重要。

(3)堤头开孔是减小横向流速的一个措施,但开孔只能减小堤头附近局部范围内的流速,因此,对开孔的作用应有恰当的认识。

(4)导堤的长度、堤头的宽度首先应满足规范规定的技术要求。一般说来,适当增加导堤长度和宽度对改善口门区流态是有利的。当其与口门防淤结合考虑时,应针对具体工程情况通过分析论证,必要时进行水工模型试验再行决定。

由于引航道口门区水流条件的模型试验研究尚属初步尝试,本文难免有谬误之处,敬请指正。

船闸引航道口门区通航水流条件船模试验研究报告

金正权

（教授级高级工程师）

上海船研所受交通部水规院委托，于 1981 年 3 月在南京水利科研所进行“船闸引航道口门区通航水流条件”船模试验。主要目的是，通过船模和水工模型结合一起的模拟航行试验，研究船闸引航道口门区的水流、流态对船舶安全航行的影响。这一研究对于水利枢纽兴建中的船闸引道的设计、论证，对于船闸设计规范，航道标准的编制，以及对于船舶安全航行都有着一定的实用价值。国内外的工程实际和科学研究对这方面的工作愈来愈予以极大的兴趣和重视。本试验采用了双遥系统的最新试验技术手段；对船舶操纵运动进行自动测量、控制和数据处理，并结合试验资料，以等效流场航态平衡和船舶闭环操纵系统的观点对通航水流条件做了分析论证，考虑了尽量多的因素，对船舶安全航行的水流条件和口门区平面尺度给出了分析意见。

一、试验条件及方法

1. 水工模型

试验的水工模型不取于任一特定的实型航道，而是设计为所谓“理想化”的形式。它在引航道布置、水流结构、航线状态等方面具有一般实际航道的特点。因而水工模型所反映的规律是一般化的，为船模试验提供了比较典型的试验条件。

从模型场地面积、造价和尺度效应等方面考虑，模型缩比选择为 1:40。

为创造试验要求的不同横流速度、纵流速度及流态，水工模型调整四级流量，即 60、80、100、120m^3/s，并采取了二种泄水闸开启方式。

坝上水深为 16cm（模型尺寸），约为四倍船舶吃水。

船闸引航道的平面布置及 No. 0 断面结构见附图 1 和附图 2。

2. 船舶模型

采用自由自航船模，原型系江西省 370 马力推轮及 300t 分节驳船组成的双列四驳平衡顶推船队。有关船舶参数见表 1。

表 1

船舶参数	总长（m）	总宽（m）	吃水（m）	型深（m）	载量（t）	功率（马力）
推轮	21.6	7.6	1.62	1.9		370
驳船	35.17	9.2	1.4	1.85	350	
船队	91.94	18.4	1.62		1400	370

船模制造精度:最大线型误差不超过1mm。

静水航速按实船试验航速2.91m/s率定为0.46m/s,推进器试验转速率定为3780r/min。转速调正误差约为2.6%,可能引起±0.01的航速误差。

船模型舵面积修正90%以后,经肯普夫"Z"形标准试验方法测得船模操纵性指数接近于实船(详见船模操纵性测试报告)。

3. 双遥系统坐标及覆盖

双遥系统的TV坐标是笛卡儿坐标形式,其 Y 方向与水工模型引航道纵方向照准,因而TV坐标与地面坐标在方向上是一致的,但坐标原点有一系统误差,均以引航堤堤头点坐标作基准予以校正,如地面坐标 $X = X - X_0$,其中 X 为TV坐标,X_0 为系统误差。

TV坐标的覆盖形式如图1所示。

从图1看出,试验的口门区航道均落在TV坐标测量的有效覆盖范围内。

TV坐标测量的最大绝对误差为6.7cm,相对于实型的2.68m。系统的试验数据采集周期为1s。如果船模绝对航速是0.7m/s,则采样间距为0.7m,相当于实型28m,约0.3倍船队长度。

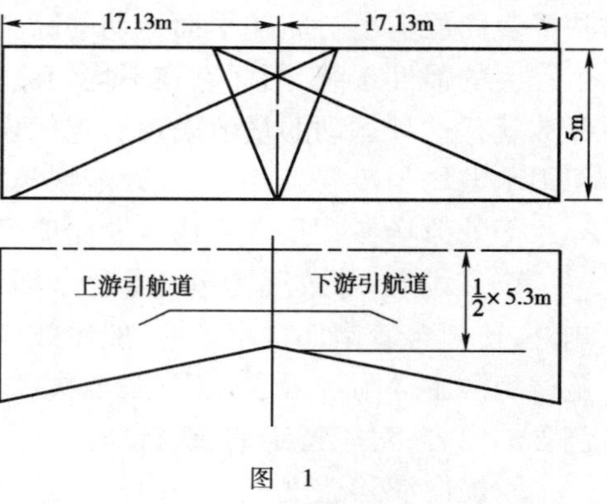

图 1

4. 试验方式

限于水池尺度的限制,预航段约为4倍船长。对于上游试验,船模自上游下驶;对于下游试验,则船模自下游上驶,经预航段稳定船速,进入口门区,向引航道口门过渡,最后驶入引航道,为一试验航次过程。对于每一不同流量和泄水闸开启方式的试验组次,均重复15航次过程,以取得全面的流态遭遇和航态资料。航行试验中,船模均由人工操纵,并按具体水流条件制定的操纵程序进行引导。试验由双遥系统对同步时间,船首尾坐标、舵角等进行测量记录,并对双车转速,对水航速和舵角等进行监测。

5. 试验航线

根据水工模型测量的水文流态资料(见附图3~5),在大约引航道中心线(基本与水工测点#120连接线重合)以内区域有回流出现。关于回流,无确切的数据资料;中心线以外,横流等值线分布比较平顺,回流区很小。因而,在试验分析中,为确切了解横流这一因素对船舶航行的影响,将水工测点#120连接线与#200连接线所含航道定为试验分析的标准航道,并将#120、#160、#200连线大致分为内、中、外三种标志航线。

二、引航道口门区水流及等效流场

1. "理想化"水工模型表面层的水流结构

关于详细的水文资料,南京水利科研所有完整的测试报告,或者部分见于附图3~5和附图14。对于试验分析的标准航道,横流流速的纵向分布绘于附图17。图中三条曲线分别代表内、中、外三标志航线的横向流速。由图可见,横流分布有一定程度的平顺。但是,无论在纵、横方向上仍然存在起伏波动。这种流场情况,尤其是它对船舶航行的影响,是比较复杂的。根据一般的数学物理方法,包含有交变分量的函数可以分解为直流分量和交流分量二部分。但是，注意到船舶在复杂流场中运动的水动力学性质，这一解析几乎是不可能的。不能够直接根据流场的流态参数预告船舶的运动。目前，这方面的研究还只能通过试验的方法确定。为此，试验分析中提出了等效流场的概念。

2. 等效流场

等效流场是将一些航行技术上熟知的概念予以定义；即船舶的横向漂移速度 V_{L1}，纵向漂移速度 V_{L2} 和牵连回转速度（或称等效流速梯度）G。等效流场的名称似乎容易与一般流体力学上的概念混淆，考虑到船舶在限制航道的非均匀流场中产生漂移运动的原因，是由于水流扰动所造成的。其值与水流速度的三个分量近似，意义完全吻合，故而特别冠以等效二字加以区别，称为等效流场。从航海技术方法上也可以这样理解，就是船舶在海上航行，一般将海流对航线方向的流速分量做矢量加法，进行流压修正；而在限制航道非均匀流场的情况下，直接引用水流资料做航线预告是不可能的，而等效流场参数提供了这种可能性。实际上，等效流场反映了表面层流场对船舶平面运动的综合影响。任何惯性系统均具有低通滤波器性质，船舶是个巨大的惯性系统，因而它在不均匀流场中的航态反映着船舶的平滑运动。可以说，等效流场参数就是这种运动的量值表现。它代表着流场的影响，同时也具有了某种平滑作用。当然，在无限水域均匀流场条件下，等效流场与实际流场没有区别。

等效流场参数是在确切掌握船舶静水航态及动水航态的基础上计算二者的差值求得的。

广义说来，等效流场包含着复杂因素。在限制性航道、浅水的情况下，无疑它除掉水流影响外，还包含着诸如浅水效应、船岸效应等。显然，对于试验研究来讲，应当限定试验条件，尽量避免浅水等附加因素。因此，本次试验中将水深提高到 4 倍船舶吃水以上。可是，等效流场包含的内容，对于特定的航道试验，并不影响它的实际应用。

3. 横向漂移速度 V_{L1}

试验得出的船模横向漂移速度 V_{L1}，在不同流量、不同泄水闸开启方式下，它们都有着如附图 3 ~ 5 和附图 14 类似的分布。比较横向漂移速度 V_{L1} 和横向水流速度 V_1，其间不存在确切的一致性，直接寻找它们的关系（附图 6），数据比较离散。然而，它们大致的趋势是：

$$V_1 = V_{L1} \pm 0.2 \qquad (\mathrm{m/s})$$

显然，数据离散的原因是由于流场不均匀以及船舶运动响应的幅相特性而造成的。真实流场数值与平滑滤波后的平均值反映在 ±0.2 幅带内变动。

考虑到船舶的运动响应特点和平滑均衡特点，试图以纵坐标间距、横坐标间距，流量和闸门开启方式的参量对横向水流速度和横向漂移速度做算术平均处理，获得比较有规律性的结果（具体数据见附表 1）。

将试验标准航道标志航线的横向流速和横向漂移速度对纵横坐标二维平均后，其值与流量和泄水方式的关系如附图 7 所示。附图 7 说明，当船舶和航道条件不变时，平均横向流速 $\overline{V}_1$，平均横向漂移速度 $\overline{V}_{L1}$ 与流量大小存在一定的规律性；即流量增大，有较大的横向流速和横向漂移速度产生，反之亦然。而且，在二种泄水闸开启方式下，曲线有近似的斜率。这又说明，二种泄水闸开启方式下，数据有进一步统一的可能。

考察平均横向流速及平均横向漂移速度在航道横方向（X 坐标方向）的平均分布与流量的关系，以 $\overline{\alpha}_1 = \frac{\overline{V}_1}{X}$ 和 $\overline{\alpha}_{L1} = \frac{\overline{V}_{L1}}{X}$ 表示平均横向速度等值线密度，从图 9 可见，$\overline{\alpha}_1$ 和 $\overline{\alpha}_{L1}$ 均与流量

有正比例关系。这解释为，当流量较大时，横向流速和横向漂移速度等值线会有较密集的分布。这一点将对后面提及的牵连回转速率有直接影响。

而横向漂移速度和横向流速之间的平均值关系如附图 6 所示。这一关系将使水工试验和船模试验的结果进一步联结起来。如果用一近似表达式表示，其形式为

$$V_1 = \Delta + 0.875\overline{V}_{L1}$$

对于第一种泄水方式（即远离引航道一侧泄水），$\Delta = 0.1$；对于第二种泄水方式（即靠近引航道一侧泄水），$\Delta = 0.04$。

可见，从平均值意义来讲，水工模型提供的横向流速数值略大于船模试验获得的横向漂移速度。这一现象的原因是明显，如前面所述，在限制水道，船舶惯性起作用，其运动响应的幅度要减小，并应当有一定的滞后。

4. 纵向漂移速度 V_{L2}

以相同的处理方法获得的引航道口门区试验标准航道的平均纵向流速 $\overline{V}_2$ 和纵向漂移速度 $\overline{V}_{L2}$ 列于附表 2，并绘制于附图 8。考虑到纵向速度与泄水闸开启方式的关系不甚明显，仅列出各平均处理后的终值。

V_{L2} 和 V_2 与流量 Q 的关系，均有正比例增长的趋势。但其斜率不同，即 $\overline{V}_{L2}$ 随 Q 增长较之 $\overline{V}_2$ 增长率为低。这一现象的原因是：首先，限于水池预航段较短，不足以使航速达到稳定；其次，低流速下，船模绝对航速亦低，通过口门区航道的时间较长；而高流速下，船模的绝对船速亦高，通过航道的时间短。显然，前者受到的水流作用较大，而后者受水流作用小。由于船舶的惯性作用，自然低流速下纵向漂移速度较之高流速情况下更接近于水流的纵向速度分量。值得一提的是，横向漂移速度的情况不很明显，这可能是船舶水线下，纵剖面面积远大于横剖面面积，使得横向运动响应为好的缘故。

用近似表达式描述 $V_2 \sim V_{L2}$ 的关系，有

$$V_2 = 2.22 \times V_{L2} - 1.04 \qquad (\text{m/s})$$

5. 牵连回转速度 G

从等效流场的角度来看，这一附加的牵连回转速度是由流态分布引起的。G 值具有流速等值线分布密度相同的量纲。从物理意义上来看，在船长范围内，若存在横向速度梯度，这就是船舶具有回转速度的一个表征。根据船舶水力学，船舶纵方向的横向水流速度变化，必形成船舶回转力矩，这一力矩使船舶产生回转速率。

从实际流场的流态推算牵连回转运动是困难的。那么，船模试验结果就缺少了一个对比的标准。如果以船模试验结果推论，预测实际流场的情况，实际意义不大，可靠性亦值得怀疑。因而，这里仅将试验结果列出（见附图 11），从中可以看到，液态对船舶运动的影响情况和分布规律。

试验结果中，G 值分布有二种情况，大致以水工测量的 No. 2 断面（大约口门堤头前一倍船长距离处）为界，前至引航道入口的分布情况，后至口门区入口的分布。前一区段内，由于引航道内属于静水区，水流受到挤压，要绕过引航堤头流向泄水闸。因而，这一区域的流态比较复杂。具体表现是流速梯度增大，流向大幅度偏转，出现回流。在这种情况下，船舶受到水流“冲击”的回转力矩，而产生较大 的牵连回转速率，其值总为负值；说明船舶进入引航道过程中，水流总是造成船尾偏向主流的趋势，即实际船舶驾引人员所指出的“船尾挂斜流”的作用。

这一作用加上横向漂移的影响对于船舶进出引航道是非常不利的,一般船舶操纵措施是:适时加以一定右舵克服之。所谓"适时",是指这一操纵的适当时机,过早或过晚,均将削减操纵的效果;所谓"一定"右舵,是指舵角大小要依据当时的情况正确判断。过早过晚,过大过小的操纵结果,有可能使船舶"挂"引航堤头或在口门内碰岸搁浅。当然,这是船舶驾驶操纵技术问题,不过说明了这一区域内流态的复杂性。从工程角度考虑,必须采取必要措施加以改善。附图 11 列出了各试验航次总的情况,可见数据比较离散。可以这样解释:在这一区域内,由于导航堤的限制,水流已处于挤压状态,造成流态复杂;而当船体通过时,因为船体水下部分的投影面积与河道过流断面的比例是相当大的。就好比一座附加的浮动水工建筑。这就破坏了本来河道的"自由"状态,使得流态更趋于复杂。尤其船舶航态在某些情形下,比如以较大漂移角进口门时,这种复杂程度会更为加剧。

G 值分布的第二种情况是,船舶在引航道入口一倍船长以外。由于水流相对比较平顺、区域比较广阔,那么水流分布引起的船舶回转就完全取决于流速等值线密度和船舶当时的航态。对于不同流量下,试验的结果绘于附图 10。牵连回转速率 G 值是按横流等值线平均密度分布的。由附图 10 看出,G 值随 α 值变化在一狭长的区域内,有一定正比规律。

6. 航态平衡

船舶航态主要是通过漂角 β 反映的。试验结果指出,漂角对横向漂移速度有很好的相关性。如果以 $r=\frac{\beta}{V_{L1}}$ 定义这一相关关系,它的意义代表着一种船舶控制能力(参阅附图 12)。本次试验得出的 r 值为 0.333。对应一定的横向漂移速度,存在一平衡漂角 β_0。依据这一数值对比实际的航向角,可以初步判断船舶的航线状态。

当着船舶航向角大于 β_0 时,船舶航线将向岸偏离;当着航向角小于 β_0 时,航线向主流偏离;仅当航向角接近于 β_0 时,船舶才有可能保持在设计航线上。屡次试验的情况能够较好地说明这一结果。这里不予赘述。

从安全航行的角度,船舶、航道、水流、驾驶以及气象各种因素需要取得平衡状态。变动其中之一,有可能引起平衡的破坏,从而使得交通事故的概率增长。在其他因素一定的条件下,横向流速与船舶航线投影宽度有严格的平衡关系。这一关系是航态平衡,交通安全的最重要指标。

附表 3 列出了各流量下船模试验的有关航态参数。

而附图 18 绘出了各流量下试验航次的航线占有宽度对横向漂移速度的分布情况和口门操纵最大舵角对 G 值的分布。从这些航态资料能够发现很明显的规律:

第一,各试验航次中,凡航线占有宽度大于 $2.5b_c$ 时,均出现通航困难的局面;而小于 $2.5b_c$ 时,通航顺利。并且,航线占有宽度对横向漂移速度的分布,基本上均处于 $B_M/b_c=1.01+3.77V_{L1}$ 的包络以下。

第二,各试验航次中,凡通航困难的,均分布在口门区最大操舵角在 20°以上,以及 G 值在 0.36 以上者,而舵角小于 20°,G 值小于 0.36 时,未出现通航困难。

因而,以航态资料的分布情况来看,大致可以得出如下结论:

第一,航道宽度在 $2.5b_c$ 时,横向漂移速度不应超出 0.4 ~ 0.5 以上的界限;如果航道宽度降低,横向漂移速度的界限要适当向下调整。

第二,口门操纵的舵角限值以20°衡量,流态分布应保证对船舶进出不产生明显的影响,牵连回转速率 G 值不宜大于0.36。

以上二点是航态平衡的基本条件。

附表3、4所列结果,较好地反映航线占有宽度与流速的关系。然而,这些结果还不能够从中引申出通航水流条件的结论。显然,将试验次数足够大地增加,使得概率统计的基数有足够的权重,试验结果的置信度有可能出现令人信服的程度。但是,这试验的工作量是不可想象的。因而,提出了一种试验分析方法。

三、试验分析方法

前面阐述了试验得出的等效流场各项参数,等效流场与水工测量的水文资料的相关性,以及根据航态参数的相关分布得出的航态平衡试件等。为了进一步研究航道水流条件和船舶条件相适应的规律,下面试图提出一种船舶闭环操纵的分析方法,以描述船舶的可控性和航道的通航水流条件。

实际的船舶操纵总是闭环的反馈控制过程。与自动控制相比较,所不同的是人(驾引人员)作为调节环节自始至终参与操纵过程。考虑其随机特性的最大安全裕度,有可能以比较合理的模式代替。

1. 内河船舶"一向三舵"操纵分析

首先,看一下内河船舶操纵的一种典型的"一向三舵"方法。它的含意是,以操三次舵完成一次航向命令。如图2所示。

输出是一种衰减的振荡。第三次操舵将船舶航向调整至与航向命令偏差很小的程度。从大量的实船试验资料和观测看到,实际操舵总是阶跃式的。非线性函数可以用描述函数法取基波分量进行近似。这里通过简单的计算可以得到:非线性传递函数 $k_1=2$($k_1=2$ 的含意是第一操舵角为航向命令的二倍)时,上升空间 $t_1=1.75T$(设操纵性指数为:$T=18, K=0.03$);而当 $k_2=0.8$ 时,超调量 σ_{p1}(指超出航向命令的偏差值)为27%;以上是操纵过程的二个主要指标。由于人员操纵的随机性原因,不能指望获得一种模式与其具有完全确切的一致性。然而,如其他的指标与实际操纵指标近似拟合,并且能够为实际驾引人员所接受,那么这一模式就可以作为实际操纵的标准格式。

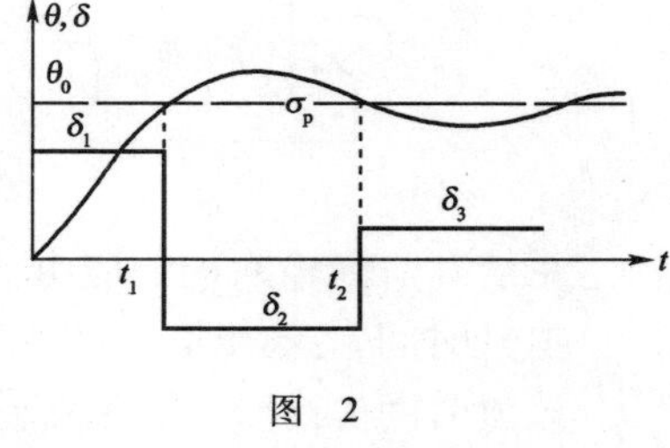

图 2

2. 船舶闭环操纵系统

实际船舶操纵过程总是闭环的。驾驶人员作为系统的一个调节环节,根据船舶当时的航态进行分析判断,操纵船舶按预定的航线航行。船舶可控性是闭环操纵系的性能指标,它以船舶基本操纵性能(开环性能)为基础,并且包含了人的技术因素以及航行条件的因素。

一般的操纵措施主要是通过航向控制实现的(特殊的情况为采用车舵联合控制),因而航向可控性是闭环操纵的主要性能。

涉及人的因素,有关人机共存论述中所阐述的问题是,作为系统的一个环节的人的特性,这个系统中人和技术设备一起工作。

其一,系统中的机器环节,通常是按一定规律传递信号,而人这一环节则相反,他能学会对所得到的信号作出各种各样的反映。可以充当静态和动态联结；可以根据信号的变化率来校正自己的活动；可以按信号大小成比例地调节自己的动作，或完成某些非线性变换。规律的形成或加工信号（操作者所用的控制方法）是在学习中出现的。但是，即使学习完成以后，人所用的方法仍然不是一成不变的，在数学上也只能在平均的意义上来描述。

其次，操作者经训练后获得必要的习性，所实现的控制方法接近于最优方法，而且取决于训练程度。

通航条件试验的目的不在于预告船舶的实时动态，而是研究航态平衡条件的外包络，在这一包络规定下，满足船舶运输的最高效益和安全。

人的因素包含复杂的随机特性和技能，进行数学归纳是困难的。但是，如果将船舶操纵控制中的基本反馈型式（按航行变动量的正比例反馈）引入系统模式将是可行的。这有二方面的含义：其一，如果基本反馈形式参与系统工作，系统工作是可靠的话，那么其他更复杂的反馈，也就是考虑到人的各方面技能，则这个系统的工作就更能适应；其二，要看这一设定的基本反馈形式能否在一定程度上与实际船舶操纵方法进行拟合。

关于闭环操纵与实船操纵的拟合问题在前面作了粗略说明，以下简单叙述闭环系统的特点（图3）。

船舶闭环操纵作为一种惯性系统，它的输出就具有一般控制系统的特点。其输出特性曲线如图4所示的形式。

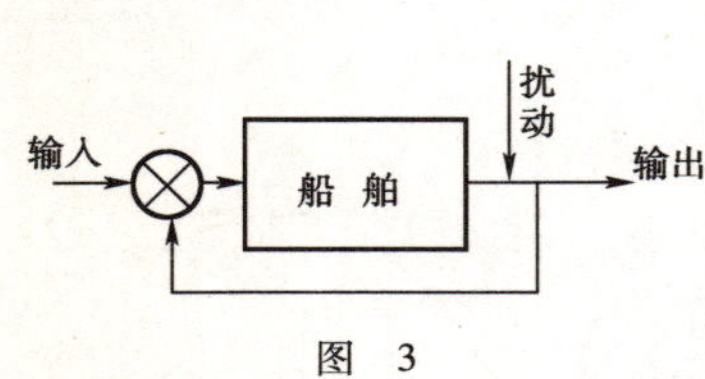

图 3

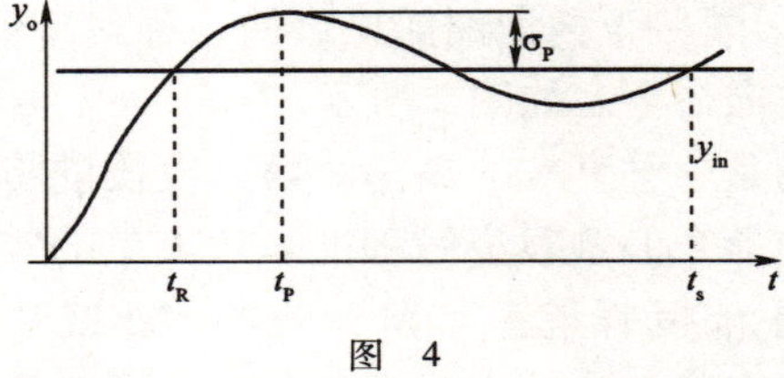

图 4

系统对阶跃输入的响应由下列指标表示：

上升时间 t_r：输出第一次达到稳定值的时间；

过渡时间 t_s：经 t_s 后，系统达到误差允许范围内的给定值。

超调量 σ_p：输出量对给定值的最大偏差；

静差 Δ：相当长时间以后输出值残存的恒定误差。

根据试验条件，口门区长度限制在2.5倍船长范围以内，因而船舶机动过程不可能达到稳定状态，指标 Δ 无意义。考虑到船舶机动裕度；主要指标是 σ_p，t_r 二个。

闭环操纵系统中，航向输出特性的指标 σ_p 及 t_r 的计算式如下

$$\sigma_p = e^{-\pi/2T\sqrt{\frac{AK}{T}-\left(\frac{1}{2T}\right)^2}}$$

$$t_r = \frac{\pi - \tan^{-1}2T\sqrt{\frac{AK}{T}-\left(\frac{1}{2T}\right)^2}}{\sqrt{\frac{AK}{T}-\left(\frac{1}{2T}\right)^2}}$$

选取反馈系数 $A \to 3$，可计算 $t_r = 1.65T$；$\sigma_p = 26.5\%$，此两个指标与实际操纵指标有很接近的数值。

3. 船舶在横流扰动下的航行特点

船舶自进入口门区向引航道过渡，设若在口门区船舶遭受到一阶跃式的横向流速的扰动（这是扰动的最严重情形），分析船舶的航行特性。如果船舶的可控性能满足平衡条件，那么，在其他扰动形式下，就依然能有良好的航态。

推导了船舶闭环操纵在横流扰动下的最大航线占有宽度公式如下

$$B_M = B_1 + B_2 + B_3$$

其中：

$$B_1(\text{船舶投影宽度}) = V_{L1}\frac{L}{V_C}\left[1-\frac{e^{-\zeta\omega_n t_p}}{\sqrt{1-\zeta^2}}\times\sin\left(\omega_a t_p+\tan^{-1}\frac{\sqrt{1-\zeta^2}}{\zeta}\right)\right]$$

$$B_2(\text{船宽}) = b_c$$

$$B_3(\text{机动裕度}) = V_{L1}\frac{2\zeta}{\omega_n}\left[1-e^{-\zeta\omega_n t_p}\left(\cos\omega_a t_p-\sin\omega_a t_p\cdot\frac{1-2\zeta^2}{2\zeta\sqrt{1-\zeta^2}}\right)\right]$$

$$\text{且}: t_p = \frac{1}{\omega_n\sqrt{1-\zeta^2}}\left(\tan^{-1}\frac{\frac{L}{V_C}\omega_n\sqrt{1-\zeta^2}}{1+\frac{L}{V_C}\zeta\omega_n}-\tan^{-1}\frac{\sqrt{1-\zeta^2}}{\zeta}+\pi\right);$$

$$\omega_n = \frac{AK}{T};$$

$$\zeta = \frac{1}{2\sqrt{AKT}}$$

$$\omega_a = \omega_n\sqrt{1-\zeta^2}$$

符号的意义是：

B_M——最大航线占有宽度；

V_{L1}——横向漂移速度；

V_c——船速；

L——船长；

b_c——船宽；

K——操纵性指数；

T——操纵性指数；

A——航向反馈系数。

公式中，B_1+B_2 项为静态参数，B_3 为动态参数，当船舶在准稳态时，$B_3=0$，$B_M=B_1+B_2$。

最大航线宽度与横向漂移速度的关系绘制于附图 13。由附图 13 可见，A 值的大小，在一定范围内对航线宽度影响不大。例如，当横向漂移速度为 0.3m/s 时，最大航线占有宽度不超过 34.8 ~ 39.2m，约为船宽的 1.9 ~ 2.2 倍。

4. 纵向漂移速度对船舶航行的影响

理论上，纵向速度对船舶航行有以下影响：

(1) 漂角和航迹宽度；

(2) 船舶冲程和引航道长度；

(3)机动余度;

(4)滤除横流脉动成分的扰动。

其中主要是(2)、(3)二点。由于船舶冲程、引航道长度不属于本试验内容,仅就机动裕度加以叙述。

机动裕度是这样一种提法,就是船舶通过口门区过程所能进行的机动次数。而它由船舶绝对速度、口门区长度 L 和机动速度所决定。一次机动时间(自航向命令起至达到新航向的时间间隔)t_r

$$t_r = \frac{\pi - \tan^{-1}\frac{\sqrt{1-\zeta^2}}{\zeta}}{\omega_n\sqrt{1-\zeta^2}} \quad (\mathrm{s})$$

对于本试验的船舶条件,$t_r \to 30\mathrm{s}$。如果令机动裕度为 η,船舶在口门区的航行时间 t_L,则

$$\eta \doteq \frac{t_L}{t_r} \doteq \frac{L(\text{口门区长度})}{(V_C + V_{L2}) \times t_r}$$

$$V_{L2} \doteq \frac{L}{\eta t_r} - V_S$$

如果保证机动裕度 $\eta > 3$,口门区长度为 3.5 倍船长,并考虑到船舶进口门不可能用最高速航行,按 $V_e \to 2.4\mathrm{m/s}$,$V_{L2} \leqslant 1.8\mathrm{m/s}$。

5. 流态分布对船舶航行的影响

这一扰动主要出现在口门前一倍船长范围内。其原因是这一区域内流速梯度陡升而形成。这一扰动对船舶航行的影响是以开路操纵方法分析,即假设干扰出现时,用一最大舵角(考虑以20°舵角作为工程使用极限为宜)予以控制。试图以试验中求得的等效流场参数 G 的阶跃函数标志这一扰动。显然,应有

$$G - \dot{\theta} = 0$$

计算操纵时间有

$$t = -T\ln\left(1 - \frac{G}{K\delta}\right)$$

从上式可见,$G \to K\delta$ 时,$t \to \infty$,显然这是不允许的。这一含意是,口门区流态分布引起的船舶回转速度不得大于或接近于船舶的控制能力。

如果以 $\frac{t}{T} < 1$ 衡量,可得 $G < 0.63K\delta$。

四、试验的若干结论

1. 横向流速、横向漂移速度及航态

(1)试验确定的横向流速与横向漂移速度的关系是(表2):

$$V_1 \doteq 0.07 + 0.875V_{L1}$$

表2

V_{L1}(m/s)	0.1	0.2	0.3	0.4	0.5
V_1(m/s)	0.158	0.245	0.333	0.42	0.508

(2)横向漂移速度与漂移角关系是(表3):

$$r \doteq \frac{\beta}{V_{L1}} \doteq 0.333$$

表3

V_{L1}(m/s)	0.1	0.2	0.3	0.4	0.5
β(°)	$\dot{1}.9$	$\dot{3}.8$	$\dot{5}.7$	$\dot{7}.6$	9.5

(3)航迹投影宽度与横向流速的关系是(表4):

$$B = L_c \cdot \beta + b_c$$

表4

V_1(m/s)	0.1	0.2	0.3	0.4	0.5
B(m)	19.4	22.9	26.4	29.9	33.4

2. 横向流速与航线占有宽度关系

以船舶闭环操纵角度论证的结果见表5。

表5

V_{L1}(m/s)	0.2	0.3	0.4	0.5
B_M(m)	29.2~32.3	34.7~39.2	39.9~46.2	45.3~53.2
B_M/b_c	1.59~1.76	1.89~2.13	2.17~2.51	2.46~2.89
V_{L1}(m/s)	0.2	0.3	0.4	0.5
B_M(m)	26.4~28.9	32.4~36.6	38.7~44.5	45.9~52.4
B_M/b_c	1.43~1.57	1.76~1.99	2.10~2.42	2.49~2.84

以上分析结果经与试验统计资料相比较,有比较满意的结果(详见附图18及附表3)

3. 纵向流速与口门区长度

根据南京水利科研所水工模型试验的结果,在试验的船闸引航道布置情况下,对应于平均横向流速0.2~0.5m/s的情况下,均未出现平均纵向流速超出1.4m/s的数值。显然,纵向流速对船舶通航的影响不是主要因素。若以机动裕度角度考虑,此流速分量以不大于1.2m/s为宜。

4. 关于流态分布

从船模试验结果知,在引航道口门前一倍船长范围内,船模牵连回转速度出现陡升。产生这一现象的原因,可能与这一区域内流速等值线密度突然增大、回流以及船舶航态有关。目前,这一试验结果尚未做到与水工试验资料进行定量的配合。如以船舶试验作为校验手段,建设等效流场的G值不宜大于$0.63K\delta(\delta=20°)$。若不能满足,应考虑采取适当水工措施改善口门流态。

五、关于船模试验的若干说明

应用小尺度船模与水工模型结合起来试验研究通航水流条件的方法,在国内外还是一种新的科学研究项目,尤其关于小比尺船模的尺度效应问题存在不同的看法。更由于试验技术的复杂,各种因素的综合影响较大,并且尚不具有完整的理论基础,可以毫不夸张地说,这方面的试验方法本身,在目前还是一种不断探索、不断发现的边缘科研项目。据报道,世界上许多国家,如美国、德国、荷兰等,已经将这种试验用于工程实际,作为一种河道整治、水利枢纽工程设计的依据,但未见有更具体详尽的报告。比较他们的试验技术手段和论证方法,本试验引进了不同的测试手段、试验数据分析处理和论证形式。下面做几点说明:

1. 试验资料分析整理及论证

本试验是以采取等效流场参数和分析船舶闭环操纵在阶跃扰动下的运动特性来试验论证通航水流条件的。这种方法在理论上可能是不完善的,但对于工程实际会提供一些实用的参考数据。这些结果如果能够与工程实践结合起来,就有可能使试验研究工作和工程设计都前进一步。

2. 试验结果的限定

目前的试验结果,还受着试验条件规定的限制,即特定的航道条件、船舶条件,以及无气象等因素下才有确切意义;向更广泛的方向推论,目前条件还为时太早。

3. 尺度效应问题

针对这次试验专门进行了一次"动水校验"试验,以初步评价船模在水工模型上试验的如实性。结果可以看出,存在一定的尺度效应,确切的修正系数,有待实践更进一步检验。

附件

关于船闸引航道下游口门区通航水流条件

试验中安排了下游口门区通航水流条件测试内容,计有:

(1)在流量 $Q=80\text{m}^3/\text{s}$ 下,左右泄水形式的船模试验;

(2)在流量 $Q=100\text{m}^3/\text{s}$ 下,左右泄水形式的船模试验;

(3)在流量 $Q=120\text{m}^3/\text{s}$ 下,左右泄水形式的船模试验及改变尾门布置形式的船模试验(下游河道的二种地形如图 1 所示),引航道采取与上游同样的布局格式。

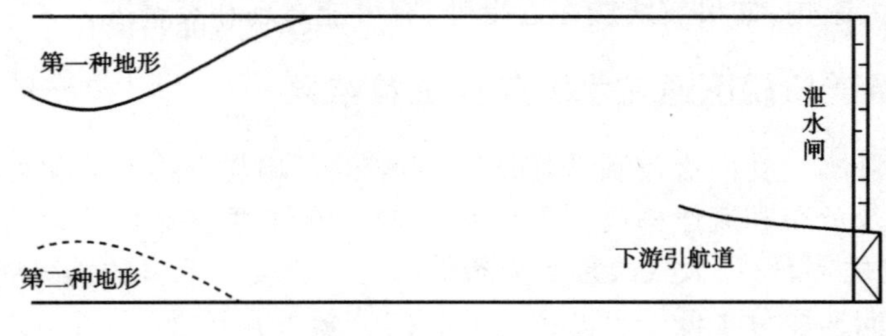

图 1

以上试验中,下游水深为 14cm。

一、下游航道的流态

根据水工模型试验资料,下游航道流态较上游流态复杂。整个航道(口门区)出现很强的回流和乱流,几乎覆盖全部航区,并且,流场的形态受到泄水闸开启方式、导航堤形式、流量以及下游河道地形的影响,变动其中因素之一,均引起航道流态的极大变化。有关详细的水文资料参见南京水利科研所试验数据。

二、下游航道的等效流场

由于船舶在下游引航道内几乎全部受着回流的控制,因而,等效流场基本上与上游航道相同,但其强度和分布有其独自的特点。下游航道试验的若干次结果见附表 4 所列。

1. 强度

(1)横向漂移速度 V_{L1}:在同一流量(如 $100\text{m}^3/\text{s}$)条件下,无论哪一种泄水方式,对于下游第一种河道地形;下游航道的横移速度要比上游横移速度为高;第一种泄水方式:上游横移速度为 0.27 ~0.53m/s(平均值是 0.38m/s),而下游最高达 0.74m/s;第二种泄水方式:上游是 0.29 ~0.51m/s(平均值 0.4m/s),而下游为 0.33 ~0.67m/s(平均值 0.55m/s)。

在流量 $Q=80\text{m}^3/\text{s}$ 下,上游横移速度是 0.26 ~0.43m/s,而下游是 0.59 ~0.65m/s。

但是,对于下游第二种地形,情况有很显著的改善;例如,第一种泄水方式下,横移速度下降为 0.35 ~0.61m/s,第二种泄水方式下,横移速度下降为 -0.13 ~0.31m/s。

(2)纵向漂移速度 V_{L2}:下游航道回流速的纵向分量均比上游主流的纵向分量弱得多;尤其是第二种地形情况下,纵移速度竟减小到 0.1 ~0.3m/s 的程度,这对于船舶机动操纵是非常有利的条件。

(3)引航道口门前的流态:由于这一原因而引起的船舶牵连回转速度 G 值,从总的数值趋势来看,下游要比上游强大;然而,第二种地形情况下,却大大削弱到不明显的程度,其最大值不超过 0.3,一般均在 0.2 以下,这对于船舶航行的影响不太显著。

2. 分布

因为下游航道处于回流控制下,流态异常紊乱。这样,等效流场参数、横向漂移速度的横向分布(即由 α 值代表之),是较大的。从附表 4 可以看出,平均值一般均在$(8 \sim 9) \times 10^{-3}$左右,但采取第二种地形,其平均值样下降为$(4 \sim 6) \times 10^{-3}$左右。这一分布情况同样可以由 V_{L1} 随横坐标 X 自负值至正值,自小至大急剧变化加以说明(见附图 15)。试验中船模航线多属航道外侧,受横流较大影响,如果航线选在近岸处,有可能出现相反情况。

三、下游引航道口门区通航水流条件试验结果

(1)下游航道基本上受回流控制,因而对于船舶的影响与上游的情况相同。

(2)横向流速及分布和流速梯度对船舶航行的影响强度主要受下游地形的制约,适当改变下游航道以下的地形,可以大大改善水流条件的适航程度。改善的情况应由船模试验测定。

(3)回流的纵向速度分量低于上游主流的纵向分量。并且,同样适当改变下游地形,可使纵向流速降低至不碍航的程度。

(4)下游引航道口门区的通航水流条件问题。主要是回流的改善;通过适当的水工措施、总体布置,可以使下游航道较之上游航道有较好的适航条件;但是,如果水工设计不妥、航道布局不合理,会出现较之上游航道更为恶劣的通航水流条件。

(5)下游航态,以 r 表示之,其值约为 0.3490,略大于上游 $r = 0.332$ 值,见附图 12 和附图 16。

附表

引航道口门区各标志航线的水流速度及漂移速度 附表1

流量速度		横向流速 V_1	平均值 $\overline{V}_1$	横漂速度 V_{L1}	平均值 $\overline{V}_{L1}$	纵向流速 V_2	平均值 $\overline{V}_2$	纵漂速度 V_{L2}	平均值 $\overline{V}_{L2}$
	内	0.23		0.07		0.81		0.82	
60(1)	中	0.31	0.29	0.23	0.22	0.87	0.85	0.92	0.83
	外	0.34		0.35		0.87		0.74	
	内	0.15		0.05		0.88		0.79	
60(2)	中	0.21	0.21	0.19	0.21	0.83	0.86	0.91	0.88
	外	0.26		0.38		0.88		0.94	
	内	0.20				1.10			
80(1)	中	0.23	0.25	0.26	0.30	1.20	1.16	1.13	1.12
	外	0.31		0.43		1.19		1.11	
	内	0.29		0.10		1.15		0.88	
80(2)	中	0.30	0.32	0.23	0.31	1.18	1.19	1.01	0.94
	外	0.38		0.59		1.24		0.93	
	内	0.32		0.27		1.41		1.18	
100(1)	中	0.42	0.42	0.28	0.36	1.52	1.50	1.14	1.19
	外	0.52		0.53		1.57		1.22	
	内	0.36		0.29		1.42		1.14	
100(2)	中	0.37	0.40	0.42	0.40	1.54	1.50	1.12	1.11
	外	0.48		0.51		1.53		1.08	
	内	0.34		0.35		1.75		1.62	
120(1)	中	0.50	0.50		0.46	1.86	1.78	1.54	1.40
	外	0.65		0.70		1.74		1.22	

牵连回转速度和平均等值线密度的关系 附表2

流　　量		横坐标 X	横漂速度 V_{L1}	平均密度 $\alpha(\times 10^{-3})$	回转速度 G
	内	49.6	0.07	1.4	0.00
60(1)	中	59.2	0.23	3.9	0.10
	外	70.0	0.35	5.0	0.13
	内	48.8	0.05	1.0	0.07
60(2)	中	68.0	0.19	2.8	0.27
	外	75.2	0.38	5.1	0.30
	内				
80(1)	中	59.2	0.26	4.4	0.16
	外	67.6	0.43	6.4	0.21
	内	50.8	0.10	2.0	0.17
80(2)	中	61.2	0.23	3.8	0.15
	外	72.4	0.59	8.1	0.34
	内	60.8	0.27	4.4	0.18
100(1)	中	64.8	0.27	4.2	0.13
	外	75.6	0.53	7.0	0.24
	内	51.6	0.29	5.6	0.22
100(2)	中	64.0	0.42	6.6	0.27
	外	69.2	0.51	7.4	0.24
	内	54.8	0.35	6.4	0.32
120(1)	中	69.2			
	外		0.70	10.0	0.46

附表3

流量	航次	横坐标 X_0	机动宽度 B_3	偏航向角 θ_{max}	最大横漂速度 V_{L1max}	平均值 V_{L1}	回转中心 G	舵角 δ_{max}	总宽 B_{max}	宽度比 B_{max}/b_c
60(1)	6	1.41	-6.6	-4.2	0.17	0.13	0.11	+14	31.7	1.72
	7	1.67	-13.6	-8.7	0.26	0.16	-0.37	+19	45.9	2.49
	8	1.89	-9.8	-17.0	0.43	0.38	-0.67	+16	62.3	3.38
	10	1.08	-4.8	+3.0	0.25	-0.07	-0.19	0	28.0	1.52
	11	1.36	-0.8	-4.1	0.10	0.07	0.13	+8	25.8	1.40
	12	1.59	-0.42	-5.6	0.29	0.24	-0.56	+27	31.6	1.72
60(2)	1	1.27	+1.8	+1.4	0.08	0.06	-0.27	+7	22.4	1.22
	2	1.72	-5.8	-5.9	0.24	0.19	-0.44	+14	33.7	1.83
	3	1.81	-6.2	-6.7	0.24	0.15	-0.35	+9	35.3	1.92
	4	1.83	-7.0	-8.2	0.45	0.40	-0.44	+12	38.5	2.09
80(1)	1	1.44	-3.2	-9.5	0.29	0.25	-0.25	+11	36.8	2.00
	4	1.94	-4.4	-4.6	0.42	0.35	-0.48	+16	30.2	1.64
	7	1.63	-6.4	-8.5	0.47	0.45	-0.38	+19	38.4	2.09
80(2)	1	1.20	-3.6	-8.1	0.13	0.09	-0.44	+23	35.0	1.9
	5	1.45	-6.6	-6.2	0.32	0.23	-0.47	+26	34.9	1.90
	6	1.97	-4.2	-20.4	0.62	0.58	-0.66	+30	54.7	2.97
	8	1.49	-6.8	-2.5	0.25	0.21	-0.26	0	29.2	1.59
	9	1.65	-2.6	-7.7	0.30	0.22	-0.27	+2	33.3	1.81
	10	1.32	-6.4	-10.6	0.43	0.38	-0.52	+33	41.7	2.27
	11	1.33	+1.6	-2.3	0.18	0.11	-0.20	+11	23.7	1.20
	12	2.91	-2.8	-20.3	1.05	1.05	-0.36	-22	53.1	2.89
100(1)	2	1.36	+1.5	-3.8	0.33	0.30	-0.36	+14	26.0	1.41
	4	1.58	+9.6	-4.4	0.35	0.30	-0.29	+13	35.1	1.91
	7	1.90	+3.0	-15.6	0.62	0.62	-0.58	+24	46.1	2.51
	10	1.74	+18.0	-9.0	0.67	0.56	-0.52	+17	50.8	2.76
	17	2.03	+5.2	-14.8	0.67	0.65	-0.44	+15	47.1	2.56
	18	1.61	-10.4	-9.3	0.31	0.26	-0.31	+15	43.7	2.38
100(2)	1	1.67	-4.2	-10.8	0.43	0.41	-0.43	+23	39.8	2.10
	2	1.48	+11.8	-15.8	0.57	0.46	-0.81	+18	55.2	3.04
	3	1.51	-9.4	-12.7	0.61	0.43	-0.51	+28	48.0	2.61
	4	1.32	-4.6	-5.6	0.35	0.28	-0.40	+26	32.0	1.74
	10	2.07	-8.0	24.3	0.86	0.80	-0.62	+12	64.3	3.49
	14	1.81	-6.6	-12.3	0.53	0.48	-0.53	+21	44.6	2.42
	17	1.85	-9.8	-9.3	0.58	0.54	-0.38	+31	43.1	2.34
	20	1.59	-5.0	-8.4	0.34	0.31	-0.40	+20	36.8	2.00

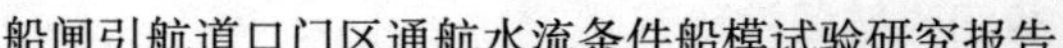

续上表

流量	航次	横坐标 X_0	机动宽度 B_3	偏航向角 θ_{max}	最大横漂速度 V_{L1max}	平均值 V_{L1}	回转中心 G	舵角 δ_{max}	总宽 B_{max}	宽度比 B_{max}/b_c
120(1)	1	1.26	+26.6	-16.2	1.10	0.66	-1.28	+16	70.7	3.84
	5	1.14	-5.0	-14.5	0.47	0.42	-0.78	+22	46.4	2.52
	9	1.27	+22.0	-4.1	0.39	0.35	-0.22	+12	46.9	2.55
	10	1.19	+10.0	-4.0	0.49	0.39	-0.26	+19	34.8	1.89
	12	1.69	+10.4	+5.2	0.32	0.32	-0.20	+15	37.2	2.02
	14	1.67	+8.4	-12.4	0.76	0.65	-0.42	+13	46.6	2.53
	18	1.22	+11.0	-8.3	0.51	0.38	-0.77	+14	42.7	2.32

下游航道试验的若干次结果 附表4

Q	$\overline{X}$	$\overline{V}_{L1}$	$\overline{V}_{L2}$	$\overline{G}$	$\overline{\beta}$(°)	α_1	$\overline{\alpha}_1$
80(1)	1.49	0.62	-1.1	0.14	11.7	10.4×10^{-3}	4.5
	1.78	0.56	-1.05	0.25	11.0	7.9×10^{-3}	
100(1)	1.69	0.56	-0.92	0.08	10.0	8.2×10^{-3}	9.4
	1.68	0.58	-0.81	0.01	9.8	8.6×10^{-3}	
	2.19	0.94	-0.68	1.07	17.3	10.7×10^{-3}	
100(2)	1.39	0.36	-0.82	0.0	7.2	6.4×10^{-3}	7.6
	1.51	0.44	-0.72	0.18	8.7	7.3×10^{-3}	
	1.65	0.53	-0.94	0.1	9.3	8.0×10^{-3}	
	1.90	0.64	-0.56	0.17	12.4	8.4×10^{-3}	
	2.20	0.65	-0.28		12.8	7.4×10^{-3}	
80(1)	0.79	0.03	1.39		-0.2	0.9×10^{-3}	3.3
	1.38	0.04	-0.10		0.8	0.7×10^{-3}	
	2.62	0.57	0.32		10	5.4×10^{-3}	
100(1)	1.58	0.38	-0.24	0.04	8.0	6.0×10^{-3}	7.3
	1.91	0.64	0.10	0.09	12.8	8.4×10^{-3}	
100(2)	1.18	-0.14	-0.17	-0.15	-2.6	-0.30×10^{-3}	3.6
	1.75	0.35	-0.35	0.13	6.9	5.0×10^{-3}	

附图

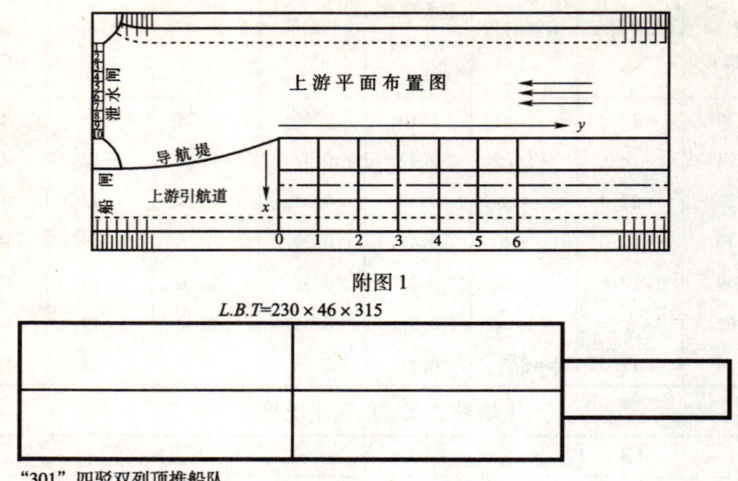

附图 1

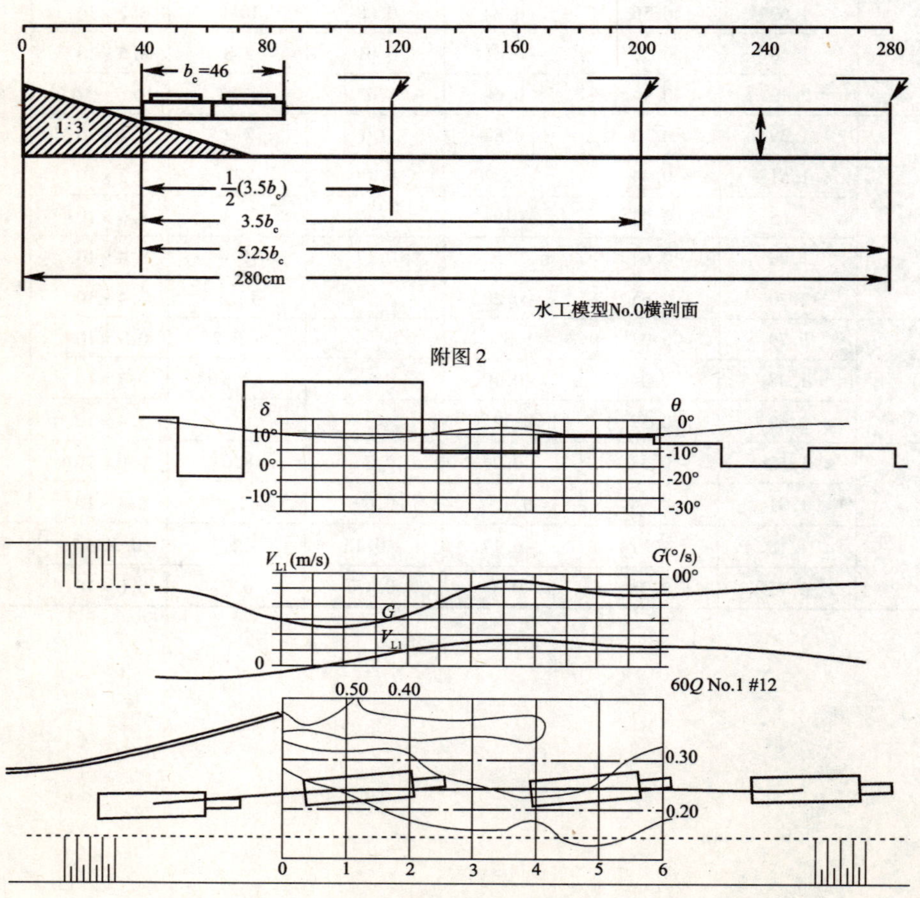

附图 2

附图 3

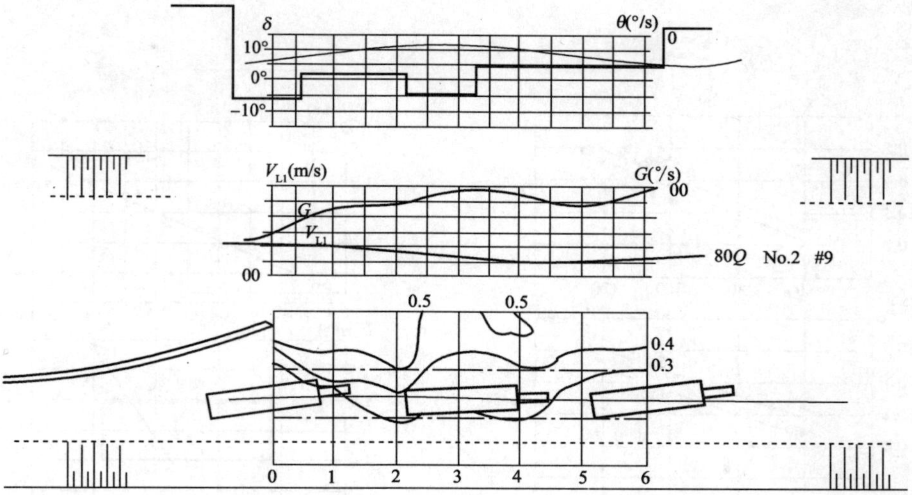

附图 4

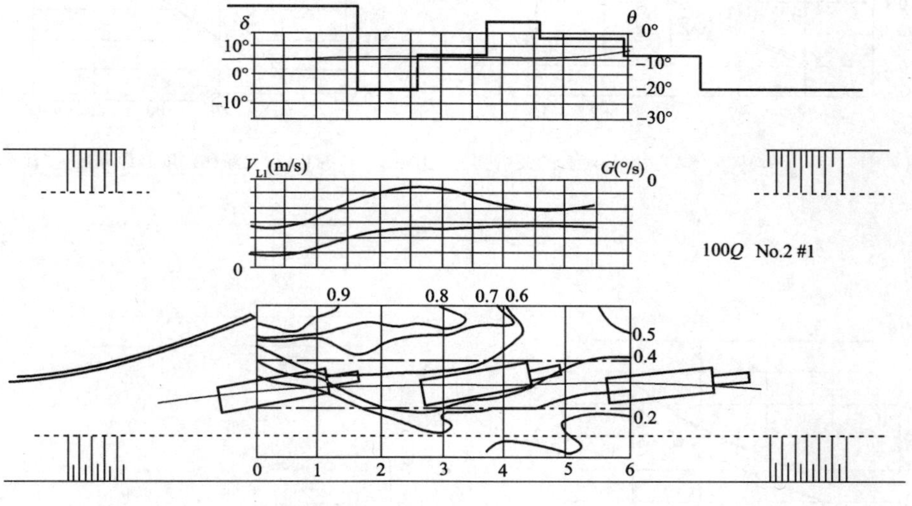

附图 5

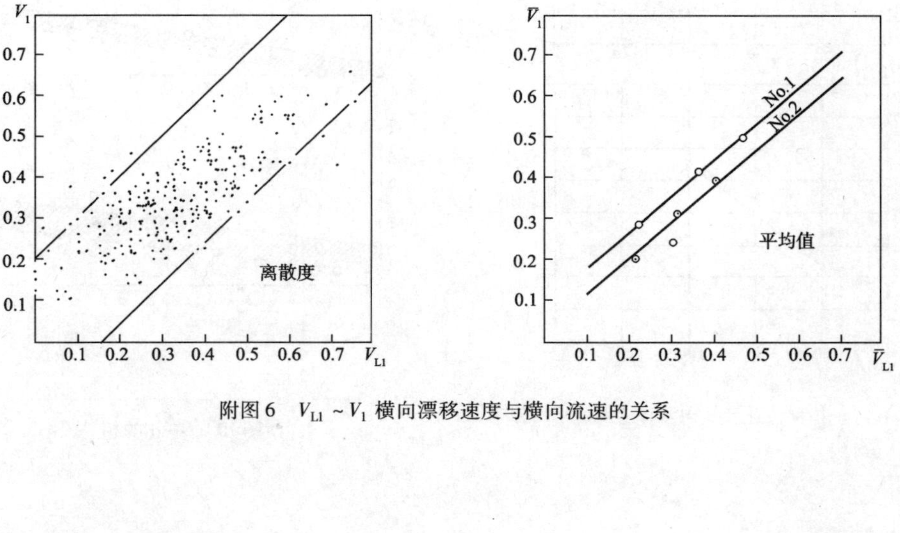

附图 6　$V_{L1} \sim V_1$ 横向漂移速度与横向流速的关系

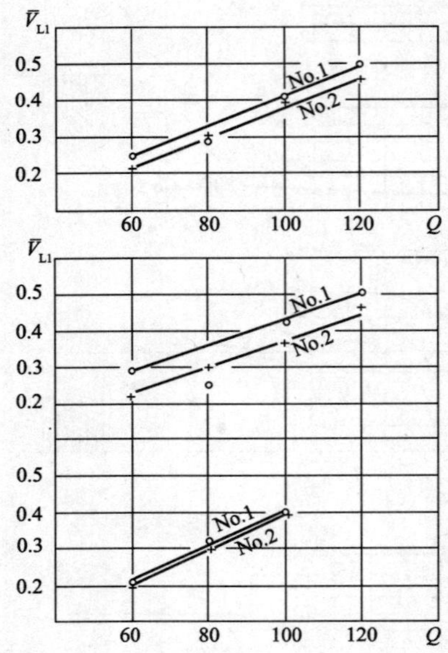

附图7 $\overline{V}_{L1}$ ~ V_1 平均横向漂移速度与流量的关系

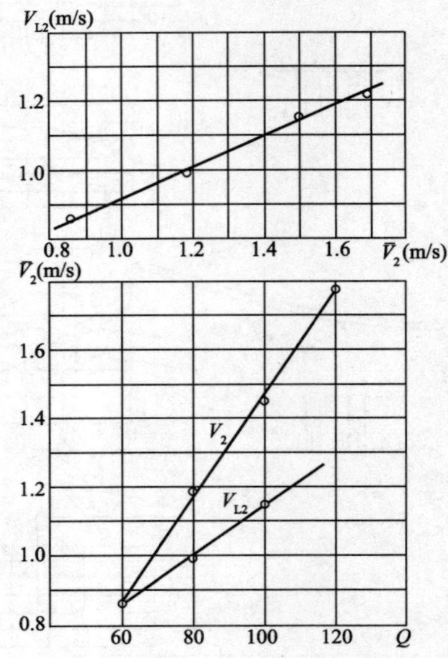

附图8 $\overline{V}_2$ ~ $\overline{V}_{L2}$ 纵向漂移速度与纵向流速、流量的关系

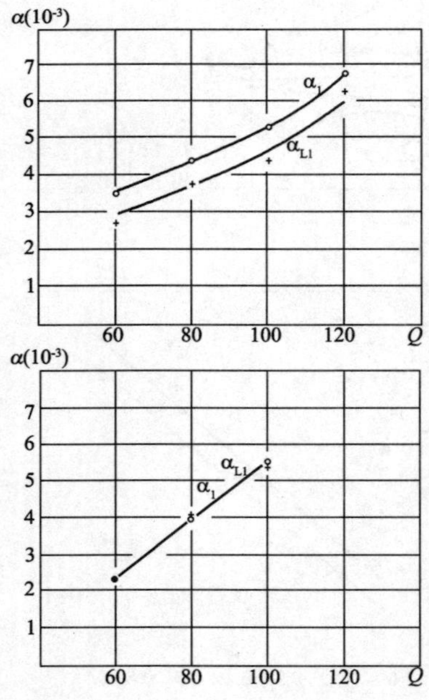

附图9 $\alpha = \dfrac{\overline{V}}{X}$ 横向流速及横向漂移速度的平均分布

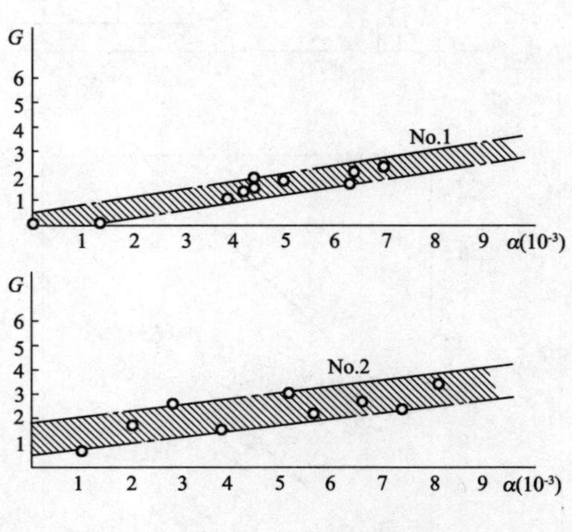

附图10 $G \sim \alpha$ 的相关关系

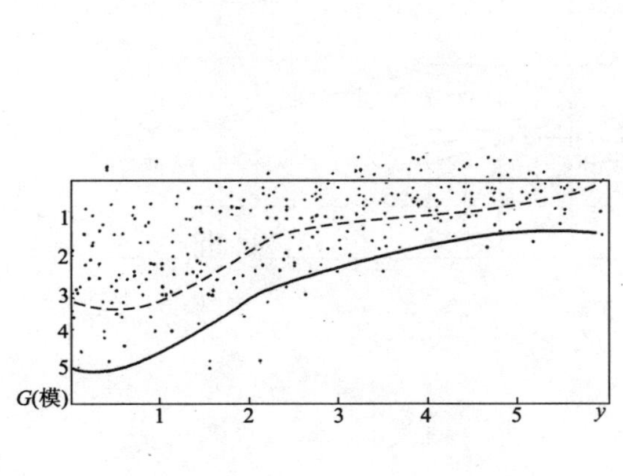

附图 11　G 分布

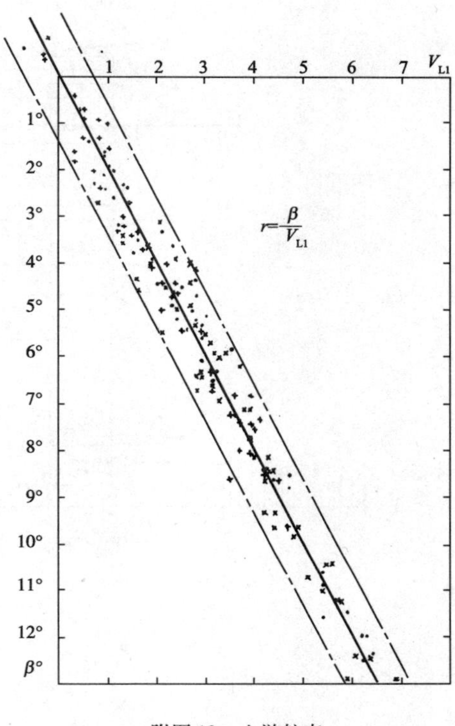

附图 12　上游航态

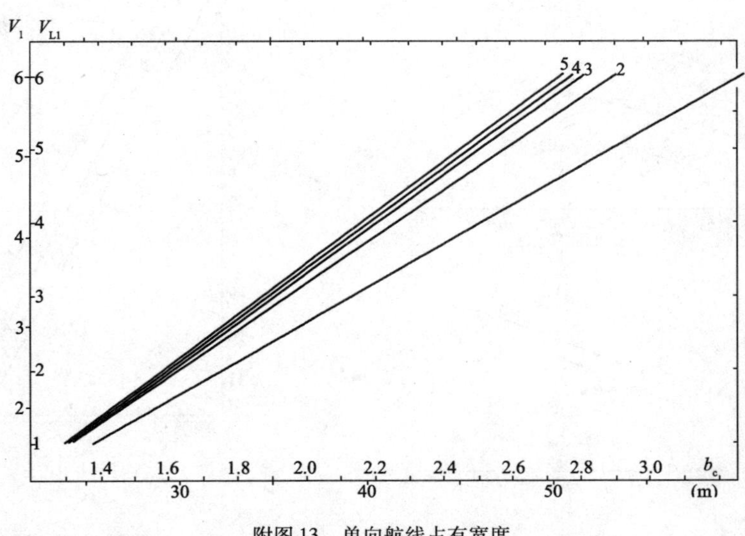

附图 13　单向航线占有宽度

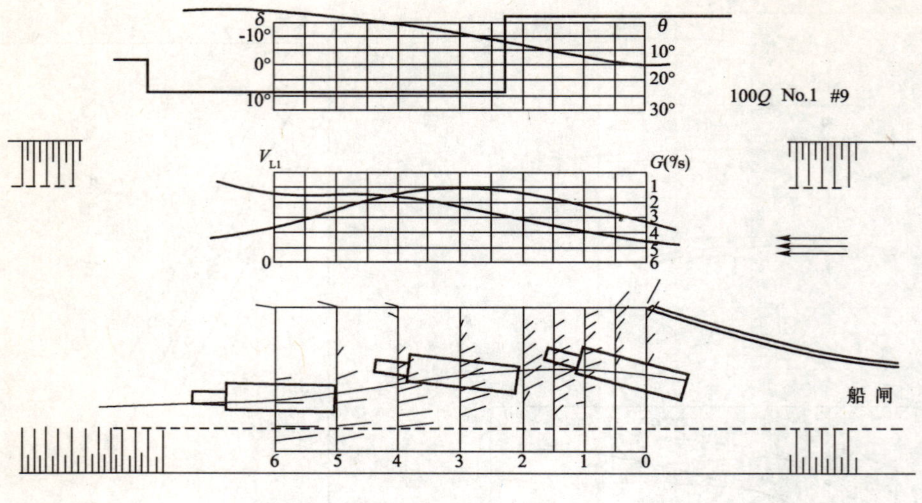

附图 14　下游

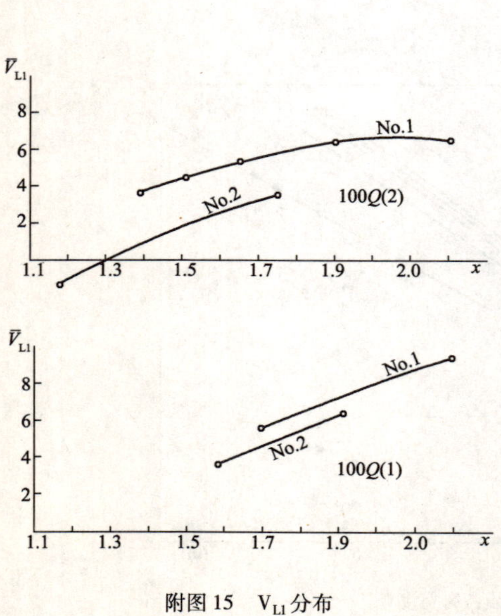

附图 15　V_{L1}分布

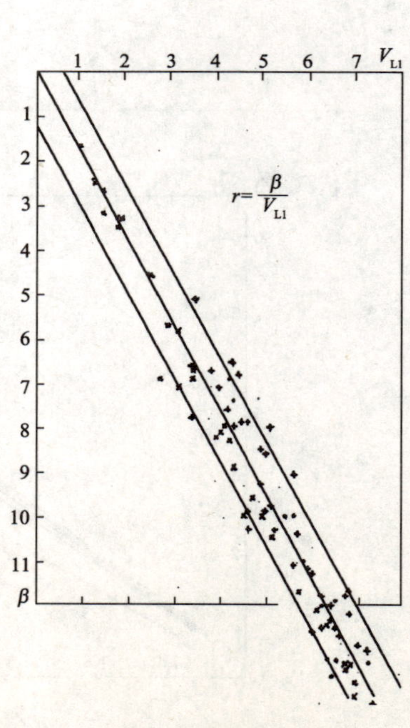

附图 16　下游航态

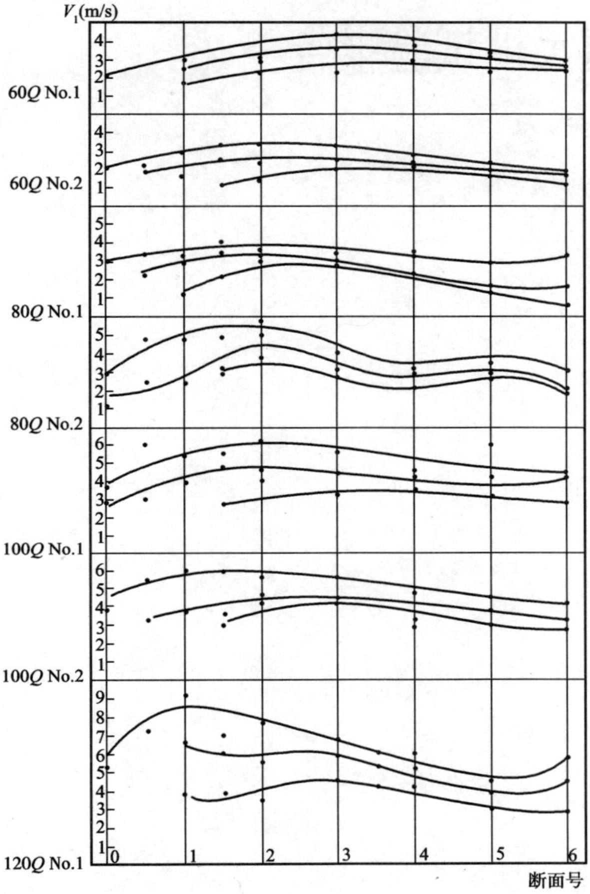

附图 17　横流分布

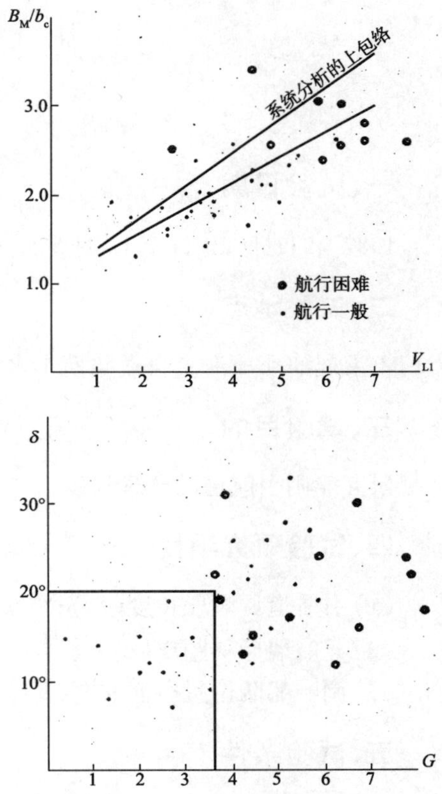

附图 18　船模试验结果统计

船闸引航道尺度试验报告

金正权

（教授级高级工程师）

一、试验日期

1982 年 11 日 10 日至 12 月 5 日。

二、试验地点

上海船研所航海室自航船模小水池。

三、试验目的

研究船闸引航道的合理尺度。

四、试验研究项目

(1)引航道调顺段长度(L_2)；

(2)导航墙后移距离(a)；

(3)调顺船队位置所需航宽(B)。

五、试验条件

1. 船模

(1)1/40 比尺(赣 0301 型)顶推船自航船模一艘

船模尺度：长×宽×吃水 =0.54×0.19×0.04m

(2)1/40 比尺(300t 型)半分节驳船模六艘

每艘尺度：长×宽×吃水 =0.88×0.23×0.04m

2. 水工模型

在上海船研所航海技术研究室自航船模小水池内按试验要求设置水工模型。

(1)直立式导航墙，用浮标表示停靠驳船位置，浮标距导航墙 $1.5b_c$。

(2)导航段(L_1)

$$L_1 = L_c$$

L_c =2.30m，为船队长度。

(3)停靠段(L_3)

$$L_3 = L_c$$

(4)引航道宽度(B_0)

$$B_0 = 5.0b_c$$

$b_c = 0.46$m，为船队宽度。

（5）引航道水深（H）

$$H = (4.0 \sim 6.0)T_c$$

$T_c = 0.04$m，为船队吃水。

由于水池底略有坡度，故上述水深在引航道端部可能略有增减。

六、试验要求及方法

1. 试验要求

试验研究导航墙与闸室位于同一直线上，以及导航墙向后平移一个距离对船队进、出船闸的影响，找出合理的设置方案。

2. 试验方法

试验船队以四驳一顶船队为主，在规定的水工模型中作航行试验，使用上海船研所航海室研制的电视坐标测量系统测定在不同后移距离 a 和不同调顺段长度 L_2 条件下的船队首、尾灯轨迹，作为计算各航行要素的依据。

在试验中（图 1）：

导航墙后移距离 a 按：(0.0, 0.1, 0.2, 0.3, 0.4) × 船队宽度(b_c)分组。

试验参考调顺段长度 L_2 按：(0.8, 1.0, 1.2, 1.5, 2.0, 2.5) × 船队长度(L_c)分组。

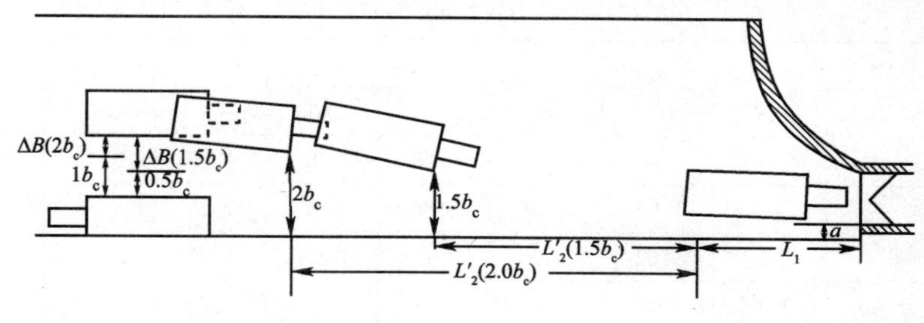

图 1

按此，试验的有效组次数见表 1。

表 1

L_2 \ a	$0.0b_c$	$0.1b_c$	$0.2b_c$	$0.3b_c$	$0.4b_c$
$0.8L_c$	—	—	6	—	—
$1.0L_c$	—	9	7	8	—
$1.2L_c$	—	10	9	10	5
$1.5L_c$	10	10	9	8	5
$2.0L_c$	9	4	8	9	5
$2.5L_c$	10	7	—	—	—

各航次平均航速在0.7~1.2m/s(折合实船航速)之间。注:由于船队在航行试验中处于操纵状态,故此平均航速略小于船队在测速区测定的航速。

七、资料分析

1. 试验数据的处理

利用测定的船队首尾灯标轨迹可以求得许多有关船队运动的数据,但这次试验的要求是求取在导航墙后移一定距离(由0.0~0.4b_c)时,船队横移1.5b_c(试验规定)或2.0b_c(船闸规范(草案)规定)调顺段所需的航行长度。但在航行试验中,由于操纵中人为因素影响,船队调顺时的横移距离往往超过规定的横移距离,并且要确定船队调顺位置点亦较困难。故选择其中二项与研究要求有密切关系数据进行分析处理,此二项数据为:

(1)船队由船闸口门外1×L_c长度起至船队近导航墙一侧的驳船船尾边缘部与导航墙的距离为1.5b_c或2.0b_c时的长度,由于此时船队中心线与航道中心线不平行,故当船队调顺位置后与导航墙之间距离一般均大于1.5b_c或2.0b_c,此段长度用L'_2代表。

(2)船队调顺位置后与导航墙之间的实测距离,此距离一般均大于1.5b_c或2.0b_c;其与1.5b_c或2.0b_c的差值用ΔB代表。

由于每航次求得的L'_2及ΔB数据都略有差异,故分析时选用它们的平均值。

表2为船队在不同a条件下导航墙横距(B)为2.0b_c时的L'_2及ΔB值(平均值)。

表3为船队在不同a条件下导航墙横距(B)为1.5b_c时的L'_2及ΔB值(平均值)。

$B=2.0b_c$ 表2

L_2 \ a	0.0b_c		0.1b_c		0.2b_c		0.3b_c		0.4b_c	
	L'_2	ΔB	L'_2	ΔB	L'_2	ΔB	L'_2	ΔB	L'_2	ΔB
0.8L_c	—	—	—	—	0.88	1.24	1.00	0.43	—	—
1.0L_c	—	—	1.06	1.17	0.86	1.02	1.25	0.35	—	—
1.2L_c	—	—	1.02	0.5	1.13	0.61	1.26	0.22	1.28	0.13
1.5L_c	1.40	0.96	1.47	0.48	1.31	0.33	1.87	-0.09	—	—
2.0L_c	1.70	0.46	1.69	0.26	1.82	0.0	—	—	—	—
2.5L_c	1.99	0.35	1.90	0.15	—	—	—	—	—	—

注:L_2为试验参考调位段长度。

$B=1.5b_c$ 表3

L_2 \ a	0.0b_c		0.1b_c		0.2b_c		0.3b_c		0.4b_c	
	L'_2	ΔB	L'_2	ΔB	L'_2	ΔB	L'_2	ΔB	L'_2	ΔB
0.8L_c	—	—	—	—	0.68	1.74	0.78	0.98	—	—
1.0L_c	—	—	0.80	1.67	0.65	1.52	0.94	0.85	—	—
1.2L_c	—	—	0.83	1.00	0.91	1.09	0.97	0.72	0.91	0.5
1.5L_c	1.19	1.46	1.24	0.98	0.99	0.80	1.33	0.39	0.99	0.37
2.0L_c	1.40	0.94	1.33	0.76	1.39	0.48	—	—	1.22	0.15
2.5L_c	1.58	0.85	1.52	0.65	—	—	—	—	—	—

将表2及表3中各值，以ΔB作为纵坐标，L'_2值作为横坐标分别绘出在一定a值条件下的曲线图，见图2和图3)。

图中各曲线分别表示在一定a值时的L'_2及ΔB的变化关系，在图中可以看出L'_2值变大时，ΔB值变小，在试验中我们仅测得个别$\Delta B=0$时的L'_2值。由于$\Delta B=0$时，L'_2值即为L_2值(因为L'_2为船队驳船船尾边缘部位距导航墙为$1.5b_c$或$2.0b_c$时的长度，由于$\Delta B=0$，即表示船队航行到L'_2时，船队位置已调顺，故当$\Delta B=0$时，L'_2值即为L_2值)。为此，如能求得当a为一定值条件下，$\Delta B=0$时的L'_2值，此L'_2值即是在a分别为$(0.0,0.1,0.2,0.3,0.4)\times b_c$时，船队横移到预定宽度$(2.0b_c,1.5b_c)$时的调顺段长度$(L_2)$。

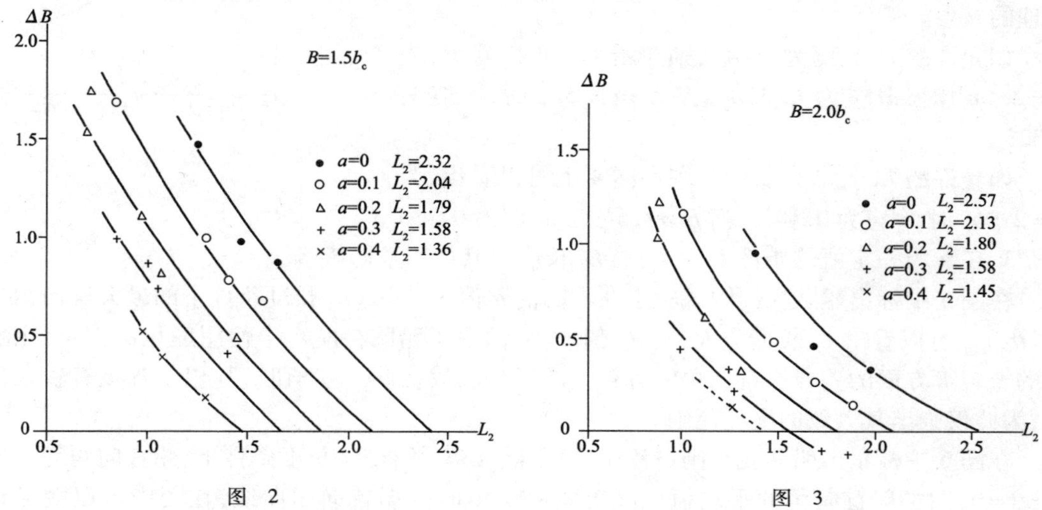

图 2　　　　图 3

2. 试验成果及其分析

在图2及图3中可以看出在a为一定值的条件下相应各点的位置变化基本上是有规则的(只有$a=0.1b_c$，$L_2=1.2L_c$时的值是例外)；为此，我们可以用外推法将各曲线伸至$\Delta B=0$时的坐标轴线上，推算出$\Delta B=0$时的L'_2值。其结果见表4。

表4

a \ B	$1.5b_c$	$2.0b_c$
$0.0b_c$	$2.32L_c$	$2.57L_c$
$0.1b_c$	$2.04L_c$	$2.13L_c$
$0.2b_c$	$1.79L_c$	$1.80L_c$
$0.3b_c$	$1.58L_c$	$1.58L_c$
$0.4b_c$	$1.36L_c$	$1.45L_c$

表4中所列各值为在 a 为一定值条件下船队调顺宽度为 $1.5b_c$ 或 $2.0b_c$ 时的 L_2 值。

以 L_2 值为纵坐标，a 值为横坐标，按照表4中的数据绘出当 B 为 $1.5b_c$ 及 $2.0b_c$ 时的 L_2 与 a 的变化曲线，见图4。

在图4中可以看出调顺宽度一定时，当 a 增大后，调顺段长度相应减少，由于未求得 $a>0.4b_c$ 时的 L_2 长度，因而不能充分确定 a 大于 $0.4b_c$ 后的曲线变化趋势，但可以推断，当 a 增大至一定值后，L_2 值不再减少，将趋于一定值。但由于调顺宽度不一致，两曲线的变化规律是不同的。可以在图上根据实况允许的 L_2 长度来选择最合理的 a 值。

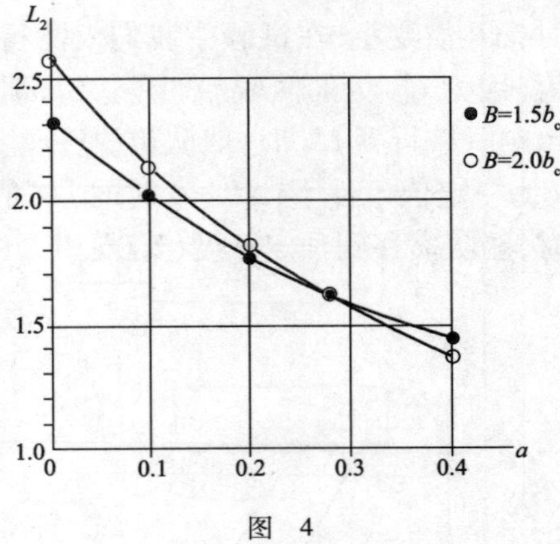

图 4

如允许的 L_2 长度为 $1.5L_c$，则在图4上可以看出，当 $B=2.0b_c$ 时，a 应为 $0.35b_c$；当 $B=1.5b_c$ 时，a 应为 $0.33b_c$。

如允许的 L_2 长度为 $2.0L_c$，则在图4上可以看出，当 $B=2.0b_c$ 时，a 应为 $0.14b_c$；当 $B=1.5b_c$ 时，a 应为 $0.11b_c$。

3. 在 a 为一定值的条件下，不同的 L_2 长度对其他因素的影响

在图5中标出船队在出闸试验中在不同的 a 值，不同的 L_2 长度条件下的最大首向角平均值（θ_m）。可以看出 L_2 长度愈大，则 θ_m 值愈小，但由于船队在航行中使用舵角的大小、用舵时间的长短等方面的差异对首向角值有较大的影响。故在同一 a 值时，其相应各点有较大的离散，为此仅画出其大致的变化范围。

在图6中标示出船队在出闸试验中，在不同 a 值，不同 L_2 长度条件下，船首向角等于航向角（$\beta=0$）时的船首向角的平均值。画出同一 a 值时的船首向角曲线，在图中可以明显地看出：在 a 值一定时：L_2 值愈大，船首向角（$\beta=0$）值愈小，在 L_2 值一定时，a 值愈大，则 $\beta=0$ 时的航首向角愈小。

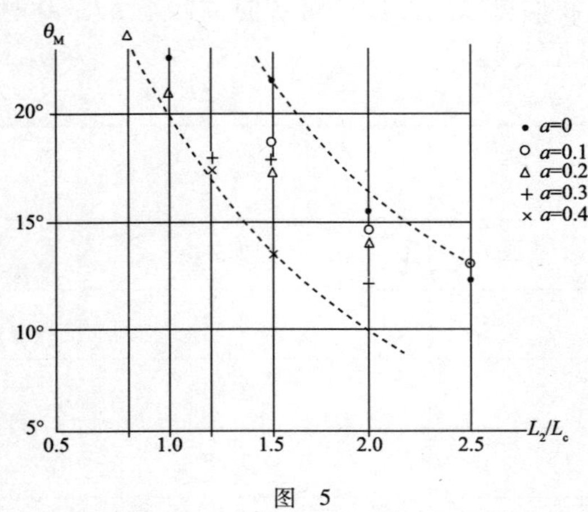

图 5

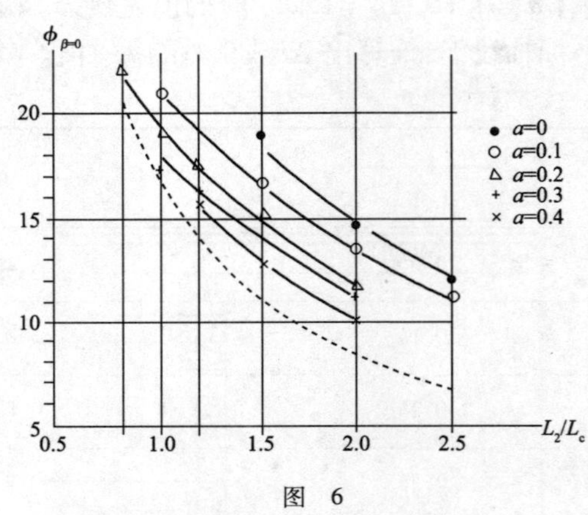

图 6

试验中不同条件下船队出闸航行轨迹见图7～12。

a=0
L2=2.0bc
# 7
300
200
100
0
标记 处数 文件号 签字 日期
设 计
制 图
描 图
校 对
日 期
船队出闸航行轨迹
材 料
图样标记 数量 重量(公斤) 比例
共 张
第 张

图 7

a=0
L2=2.5Lc
#8
300
200
100
0
标记 处数 文件号 签字 日期
设 计
制 图
描 图
校 对
日 期
船队出闸航行轨迹
材料
图样标记 数 量 重量(公斤) 比 例
共 张
第 张

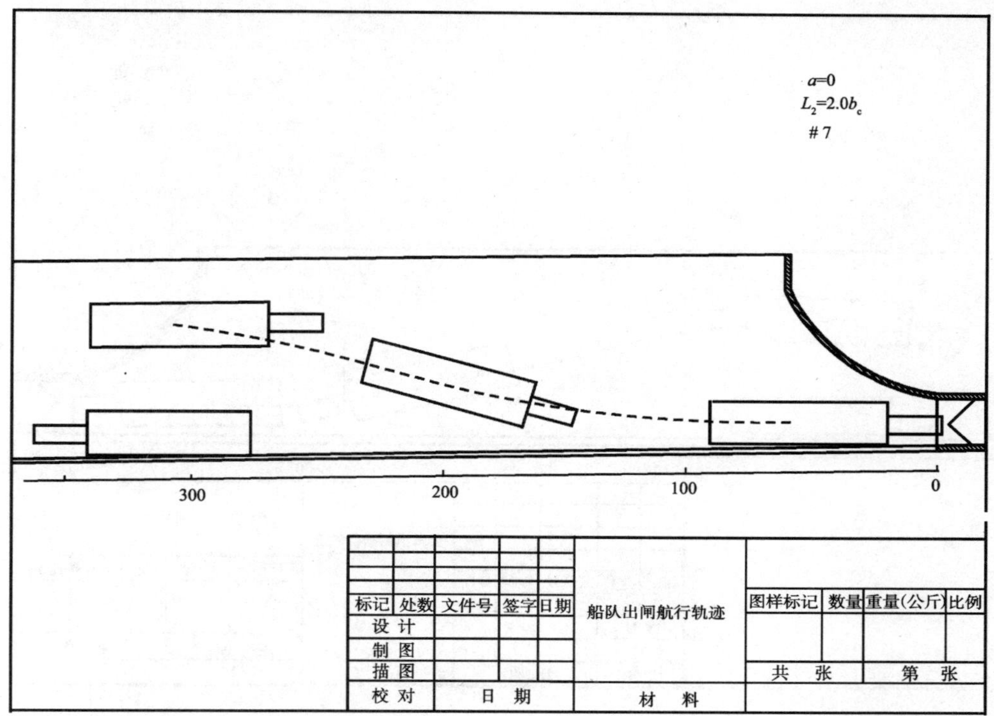

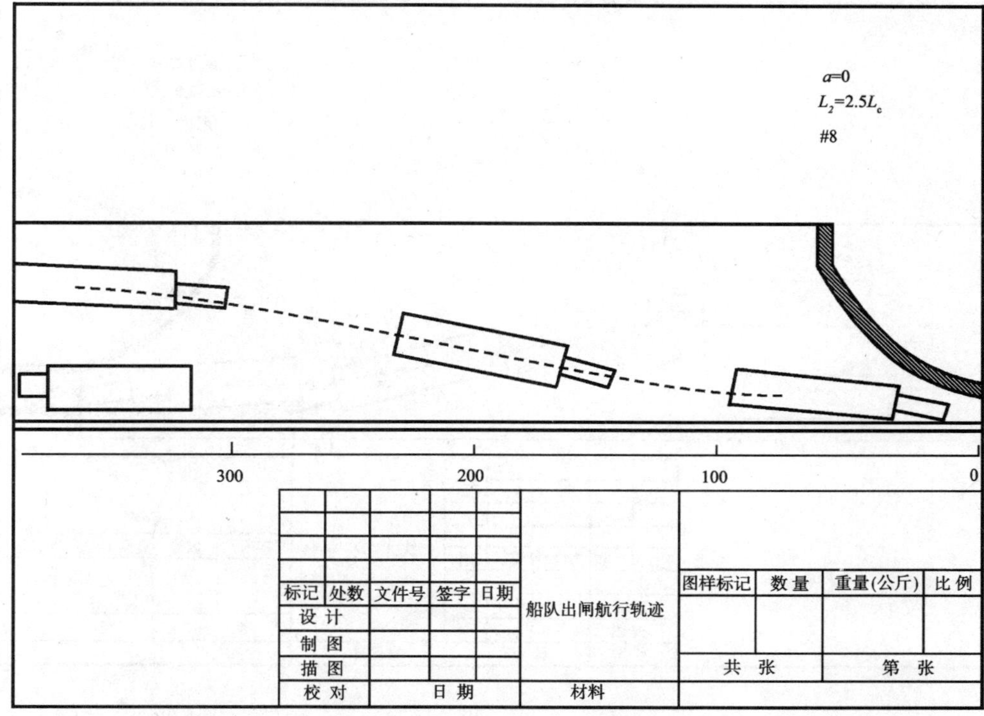

图 8

a=0.1b_c
L_2=2.0L_c
#9
300
200
100
0
船队出闸航行轨迹
标记 处数 文件号 签字 日期
设计
制图
描图
校对 日期
材料
图样标记 数量 重量（公斤） 比例
共 张 第 张

图 9

a=0.2b_c
L_2=2.0L_c
#10
300
200
100
0
船队出闸航行轨迹
标记 处数 文件号 签字 日期
设计
制图
描图
校对 日期
材料
图样标记 数量 重量（公斤） 比例
共 张 第 张

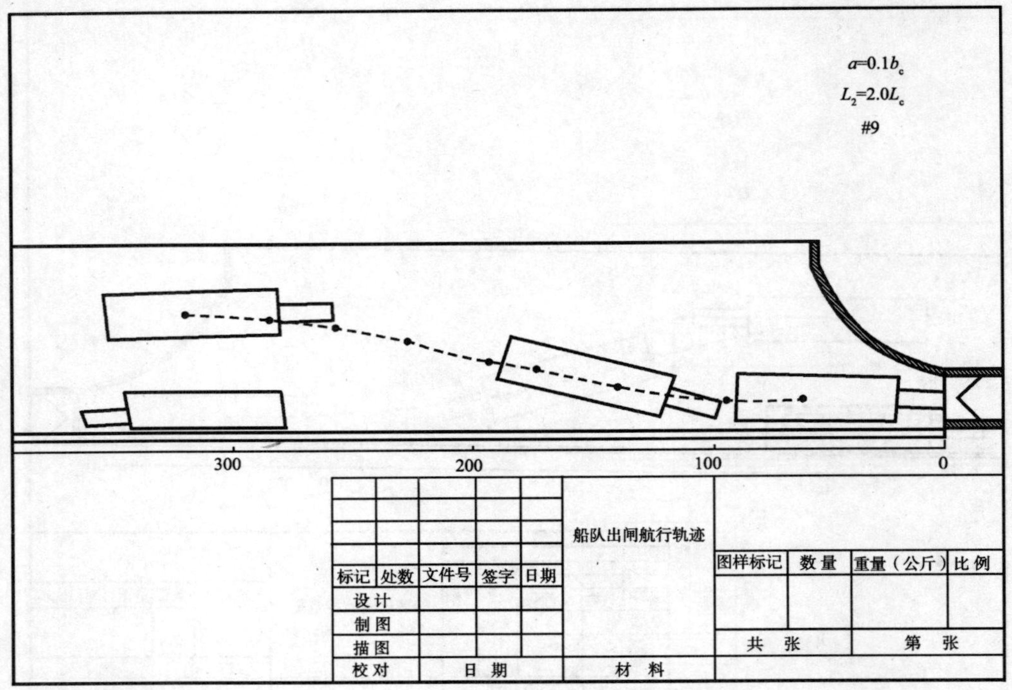

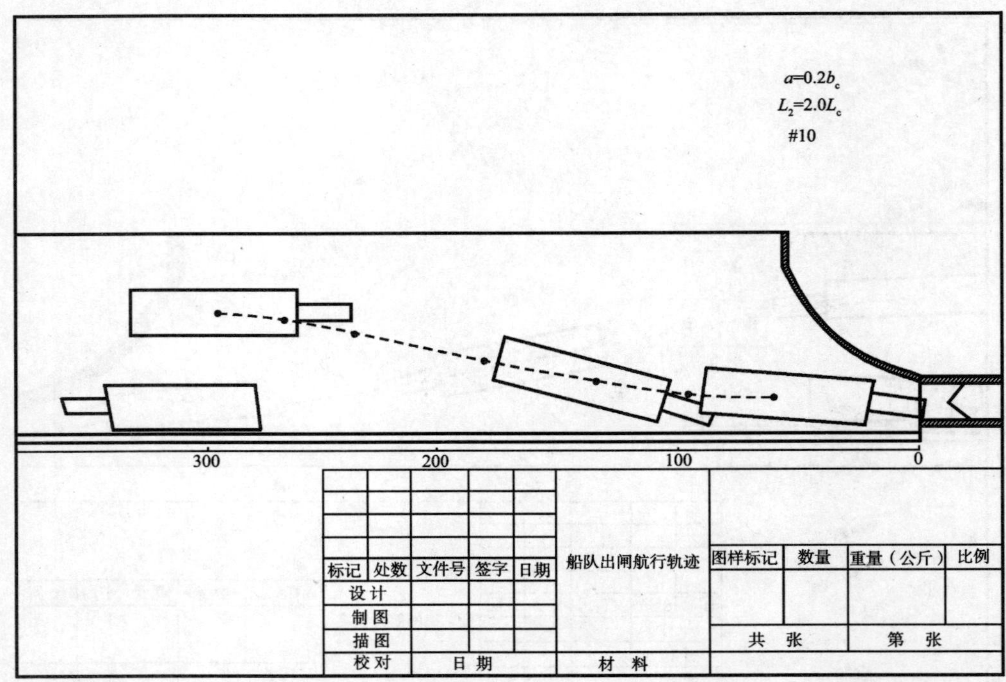

图 10

a=0.3b_c
L_2=2.0L_c
#11
300
200
100
0
标记 处数 文件号 签字 日期
设计
制图
描图
校对
日期
船队出闸航行轨迹
材料
图样标记 数量 重量（公斤） 比例
共 张
第 张

图 11

a=0.4b_c
L_2=2.0L_c
#12
300
200
100
0
标记 处数 文件号 签字 日期
设计
制图
描图
校对
日期
船队出闸航行轨迹
材料
图样标记 数量 重量（公斤） 比例
共 张
第 张

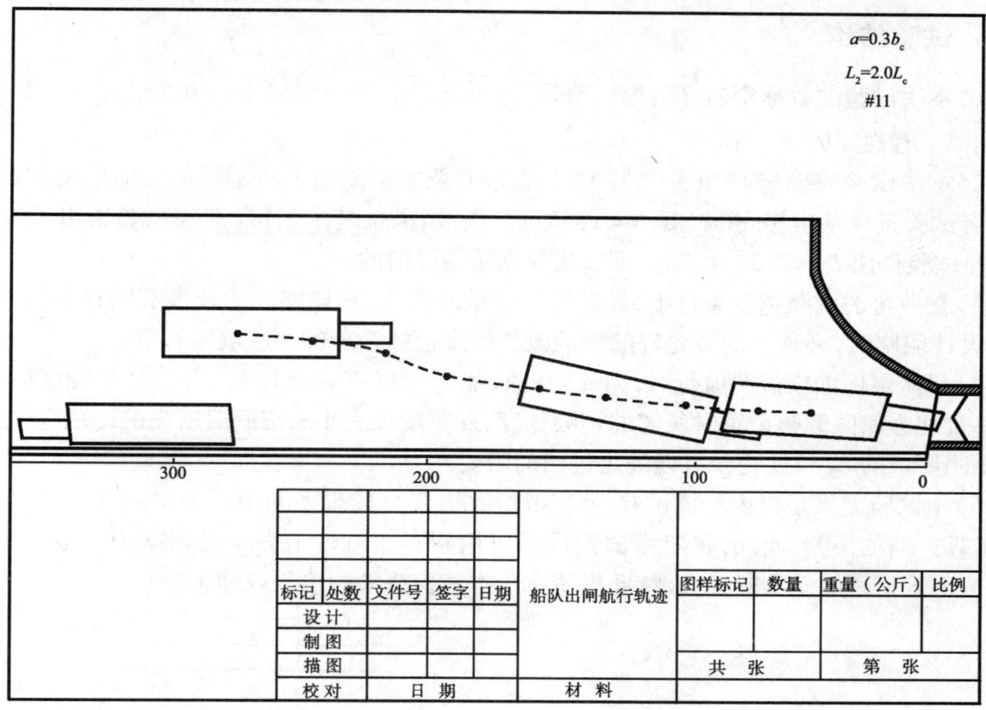

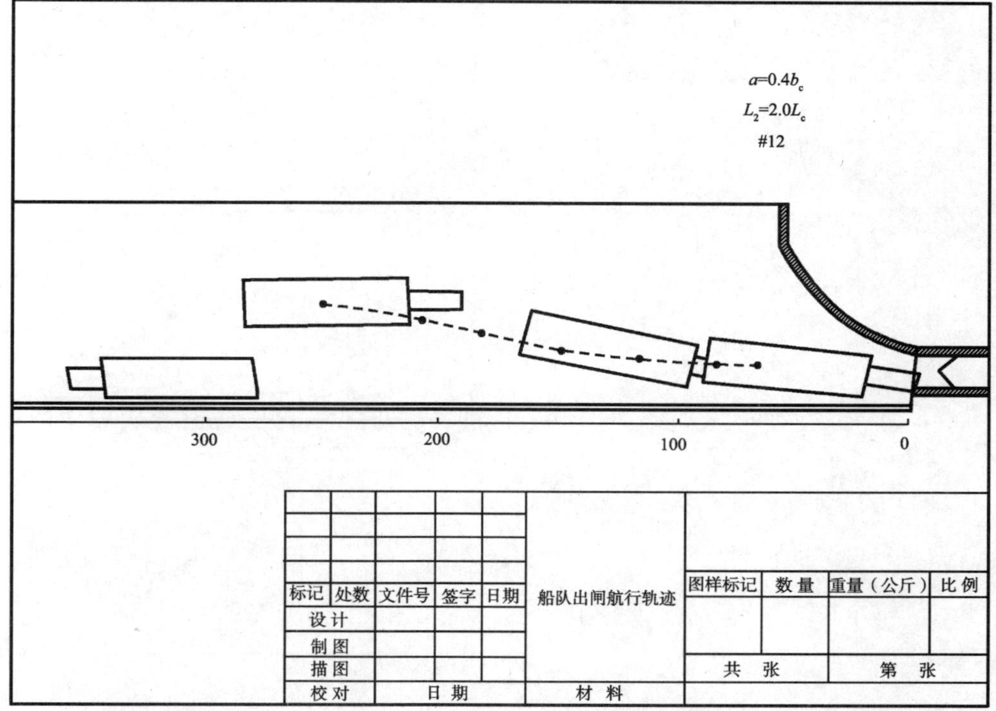

图 12

八、试验结论

(1)本次试验的数据资料,经计算、整理后,可以看出,除个别点($a=0.1b_c$,$L_2=1.2L_c$)外,其变化都是有规律的。

(2(本次试验成果与1979年8月15日在淮安船闸引航道上所进行的实船出闸试验相校核,二者试验条件基本相同($a=0$,$B=1.5b_c$),二者结果也基本相符(船模试验得出$L_2=2.32L_c$;实船试验得出$L_2=2.3L_c$),因此可以认为成果是可信的。

(3)在一定的调顺宽度条件下,导航墙后移量的变化,对调顺段的长度有明显的影响。因此,在设计船闸时,必须根据可允许的调顺段长度来选择合理的导航墙后移量。

(4)船队由停泊段进闸航行时,当$a=0$时,船队可以直航线进闸,当导航墙后移后,导航墙后移量即为船队调顺位置时所需的调顺宽度,此宽度大大小于出闸时所需的调顺宽度,故能满足出闸要求的L_2长度完全可以满足进闸的需要。

(5)本试验成果是根据船模试验的结果取得的,部分成果还利用了外推法,因此不可避免存在推算方面的误差,此外,将船模试验成果应用到实船航行中去还必须赋予一定的修正系数,这方面我们还缺乏实际经验,特此提请应用本试验成果的单位或同志注意。